Andrés Herraiz Argudo

Climatización y producción de agua caliente sanitaria

Andrés Herraiz Argudo

Climatización y producción de agua caliente sanitaria

Proyecto de instalación de climatización y ACS
en Centro Deportivo de Valencia

Editorial Académica Española

Imprint

Any brand names and product names mentioned in this book are subject to trademark, brand or patent protection and are trademarks or registered trademarks of their respective holders. The use of brand names, product names, common names, trade names, product descriptions etc. even without a particular marking in this work is in no way to be construed to mean that such names may be regarded as unrestricted in respect of trademark and brand protection legislation and could thus be used by anyone.

Cover image: www.ingimage.com

Publisher:
Editorial Académica Española
is a trademark of
Dodo Books Indian Ocean Ltd. and OmniScriptum S.R.L publishing group

120 High Road, East Finchley, London, N2 9ED, United Kingdom
Str. Armeneasca 28/1, office 1, Chisinau MD-2012, Republic of Moldova, Europe
Printed at: see last page
ISBN: 978-613-9-06245-4

TRABAJO FIN DE MÁSTER

TECNOLOGÍA ENERGÉTICA PARA DESARROLLO SOSTENIBLE

"PROYECTO DE INSTALACIÓN DE CLIMATIZACIÓN Y PRODUCCIÓN DE ACS (AGUA CALIENTE SANITARIA) EN CENTRO DEPORTIVO UBICADO EN VALENCIA"

AUTOR: **HERRAIZ ARGUDO, ANDRÉS**

TUTOR: MAGRANER BENEDICTO, TERESA

COTUTOR: CAÑADA SORIANO, MAR

Curso Académico: 2023-24

"Fecha 02/2024"

RESUMEN

En el presente documento se lleva a cabo el proyecto para la instalación del sistema de climatización y producción de agua caliente sanitaria en un centro deportivo, fundamentado en la implementación de métodos avanzados de optimización de energía y producción de esta por medios de desarrollo sostenible. A través de la aplicación de tecnologías eficientes en climatización, como sistemas de control inteligente y equipos de alta eficiencia energética, se busca minimizar el consumo eléctrico y con ello, las emisiones de gases de efecto invernadero. Respecto a la producción de agua caliente sanitaria, se persigue un objetivo similar, realizando un estudio de alternativas y llevando a cabo el diseño y dimensionado del sistema más adecuado para las condiciones requeridas.

El proyecto no solo aspira a garantizar condiciones ambientales ideales para los usuarios del centro deportivo, sino que también se enfoca en la maximización de la eficiencia operativa y la sostenibilidad a largo plazo. La introducción de prácticas de desarrollo sostenible implica una cuidadosa gestión de los recursos, la minimización de residuos y la implementación de medidas que contribuyan al equilibrio ecológico.

Se destaca la convergencia de tecnologías modernas y prácticas sostenibles en la instalación, subrayando la importancia de la eficiencia energética y la responsabilidad ambiental en la creación de entornos deportivos funcionales y sostenibles.

Palabras Clave: Agua caliente sanitaria, desarrollo sostenible, eficiencia, captador solar, bomba de calor, climatización.

<u>RESUM</u>

En el present document es duu a terme el projecte per a la instal·lació del sistema de climatització i producció d'aigua calenta sanitària en un centre esportiu, fonamentat en la implementació de mètodes avançats d'optimització d'energia i producció d'esta per mitjans de desenvolupament sostenible. A través de l'aplicació de tecnologies eficients en climatització, com a sistemes de control intel·ligent i equips d'alta eficiència energètica, es busca minimitzar el consum elèctric i amb això, les emissions de gasos d'efecte d'hivernacle. Respecte a la producció d'aigua calenta sanitària, es perseguix un objectiu similar, realitzant un estudi d'alternatives i duent a terme el disseny i dimensionament del sistema més adequat per a les condicions requerides.

El projecte no sols aspira a garantir condicions ambientals ideals per als usuaris del centre esportiu, sinó que també s'enfoca en la maximització de l'eficiència operativa i la sostenibilitat a llarg termini. La introducció de pràctiques de desenvolupament sostenible implica una acurada gestió dels recursos, la minimització de residus i la implementació de mesures que contribuïsquen a l'equilibri ecològic.

Es destaca la convergència de tecnologies modernes i pràctiques sostenibles en la instal·lació, subratllant la importància de l'eficiència energètica i la responsabilitat ambiental en la creació d'entorns esportius funcionals i sostenibles.

Paraules clau: Aigua calenta sanitària, desenvolupament sostenible, eficiència, captador solar, bomba de calor, climatització.

ABSTRACT

In this document, the project is carried out for the installation of the air conditioning system and production of sanitary hot water in a sports center, based on the implementation of advanced methods of energy optimization and its production through sustainable development means. Through the application of efficient air conditioning technologies, such as intelligent control systems and highly energy efficient equipment, we seek to minimize electricity consumption and, therefore, greenhouse gas emissions. Regarding the production of domestic hot water, a similar objective is pursued, carrying out a study of alternatives and carrying out the design and sizing of the most appropriate system for the required conditions.

The project not only aims to ensure ideal environmental conditions for the users of the sports center, but also focuses on maximizing operational efficiency and long-term sustainability. The introduction of sustainable development practices involves careful management of resources, minimization of waste and the implementation of measures that contribute to ecological balance.

The convergence of modern technologies and sustainable practices in the facility is highlighted, underscoring the importance of energy efficiency and environmental responsibility in creating functional and sustainable sports environments.

Keywords: Sanitary hot water, sustainable development, efficiency, solar collector, heat pump, air conditioning

<u>Documento Memoria</u>

ÍNDICE

1. INTRODUCCIÓN

1.1. Antecedentes

El presente proyecto se realiza en consecuencia de la compra e intención de rehabilitación de un espacio existente en la ciudad de Valencia, al que se le pretende dar un uso distinto al que estaba destinado, abriendo un nuevo gimnasio. Para llevar a cabo esta tarea, se redimensiona el sistema de climatización y producción de agua caliente sanitaria (ACS, en adelante), teniendo como principal objetivo obtener una instalación fiable, de elevado rendimiento energético y sobre todo que permita conseguir el confort térmico de los ocupantes.

1.2. Objeto

Este documento tiene por finalidad redefinir y especificar las nuevas características técnicas y económicas del centro deportivo, situado en Valencia, en cuanto a lo que se refiere al sistema de climatización y la producción de ACS. Será objetivo principal el establecer todas las cualidades técnicas y justificativas de los equipos seleccionados, asegurando así un correcto funcionamiento de las instalaciones y la legalización de esta ante los Servicios Territoriales de Industria de la Conselleria de la Generalitat Valenciana.

Otro objetivo fundamental es contribuir en la finalización de la formación académica aplicando los conocimientos adquiridos en el Máster de Tecnología Energética Para el Desarrollo Sostenible realizado en la Universidad Politécnica de Valencia, centrándose una especial atención a los puntos relacionados con la eficiencia energética, el aprovechamiento de fuentes de energía renovables, el análisis adecuado de características térmicas requeridas y el planteamiento de diversas alternativas energéticas.

Es importante no olvidar que el presente proyecto se realiza de la forma más detallada posible, pudiéndose llevar a cabo de forma real la instalación, es por ello que, cuenta con pliego de condiciones, un presupuesto detallado de inversión, un cálculo y un diseño especificado de la instalación.

1.3.Justificación

Es importante recalcar que el centro previamente estaba destinado a un uso comercial, teniendo unas necesidades de climatización y consumo de ACS completamente distintas, es por ello que se necesita el presente proyecto para calcular nuevamente las cargas y equipos a utilizar, ajustándose así a los nuevos consumos, afrontados desde un punto de vista sostenible.

El desarrollo sostenible es un concepto fundamental a lo largo del presente documento y, por ello, se valorarán todas las alternativas posibles con el fin de lograr este objetivo, cumpliendo el proyecto con un elevado ahorro energético y de emisiones frente a un sistema convencional.

Teniendo en cuenta que la finalidad es albergar un gimnasio, se estudian diversos factores para conseguir que las condiciones térmicas del espacio sean las adecuadas para lograr el bienestar de un público general que abarca un amplio rango de edades.

1.4.Estructura del documento

El presente proyecto sigue un orden cronológico, en el que en primer lugar se realiza un estudio de la normativa vigente para así poder aplicarla a la instalación del sistema de climatización y producción de ACS. Posteriormente se analizan las condiciones arquitectónicas y de uso del edificio teniendo en cuenta además la ubicación de este. Se continúa el trabajo realizando un estudio de cargas y demandas de la instalación, planteando luego un análisis de diferentes alternativas y eligiendo la más adecuada. Una vez elegidas las tecnologías a instalar se dimensiona el sistema y se seleccionan los equipos necesarios realizando, por último, un análisis de resultados estudiando la peor situación climatológica y de cargas.

1.5.Relación de Objetivos de Desarrollo Sostenible (ODS)

Los Objetivos de Desarrollo Sostenible (ODS) son un conjunto de 17 metas establecidas por las Naciones Unidas *(Nations, 2015)* para abordar desafíos globales y promover un desarrollo sostenible. Se muestran a continuación aquellos que se persigue lograr con este proyecto:

3. Salud y bienestar: Garantizar una vida sana y promover el bienestar para todos en todas las edades. Este objetivo se persigue desde el punto de vista de influir en la sociedad realizando ejercicio y ayudando a mantener un hábito saludable.

6. Agua limpia y saneamiento: Garantizar la disponibilidad y la gestión sostenible del agua y el saneamiento para todos. Se dispondrá de agua en todas las instalaciones con un uso ininterrumpido y previendo un margen de seguridad a la vez que una gestión adecuada.

7. Energía asequible y no contaminante: Garantizar el acceso a una energía asequible, segura, sostenible y moderna para todos. Se dará prioridad al uso de energías de desarrollo sostenible ya sea para aprovechar la energía de forma directa en forma de electricidad o de forma indirecta como puede ser en forma térmica.

8. Trabajo decente y crecimiento económico: Promover el crecimiento económico sostenido, inclusivo y sostenible, el empleo pleno y productivo, y el trabajo decente para todos. El principal objetivo de este proyecto es obtener un beneficio económico por parte del cliente final, este se logrará con la ayuda de una correcta gestión y la integración de tecnologías de desarrollo sostenible.

9. Industria, innovación e infraestructura: Construir infraestructuras resilientes, promover la industrialización inclusiva y sostenible, y fomentar la innovación. Se cuenta con un apoyo a la innovación desde el punto de vista de la integración de nuevas tecnologías en edificios antiguos por una remodelación.

11. Ciudades y comunidades sostenibles: Lograr que las ciudades y los asentamientos humanos sean inclusivos, seguros, resilientes y sostenibles.

12. Producción y consumo responsables: Garantizar modalidades de consumo y producción sostenibles. Los equipos utilizados, llevan sistemas de ahorro de energía y se imparte una formación al cliente para una correcta gestión.

13. Acción por el clima: Adoptar medidas urgentes para combatir el cambio climático y sus efectos. Al usar tecnologías de desarrollo sostenible, se reduce el impacto y la influencia en el cambio climático por parte de estas instalaciones.

Posteriormente, en el *ANEXO I. Resumen contribución a los Objetivos de Desarrollo Sostenible* se mostrará una tabla con el nivel de influencia en cada uno de estos objetivos con el presente proyecto.

2. LEGISLACIÓN APLICABLE

<u>NORMATIVA ESTATAL:</u>

- Real Decreto 178/2021, de 23 de marzo, por el que se modifica el Real Decreto 1027/2007, de 20 de julio, por el que se aprueba el Reglamento de Instalaciones Térmicas en los Edificios.
- Real Decreto 1027/2007, de 20 de julio, por el que se aprueba el Reglamento de Instalaciones Térmicas en los Edificios.
- Real Decreto 450/2022, de 14 de junio, por el que se modifica el Código Técnico de la Edificación, aprobado por el Real Decreto 314/2006, de 17 de marzo.
- Real Decreto 487/2022, de 21 de junio, por el que se establecen los requisitos sanitarios para la prevención y el control de la legionelosis.
- Real Decreto 1627/1997, de 24 de octubre, por el que se establecen disposiciones mínimas de seguridad y de salud en las obras de construcción.
- Real Decreto 1215/1997, de 18 de julio, por el que se establecen las disposiciones mínimas de seguridad y salud para la utilización por los trabajadores de los equipos de trabajo.
- Real Decreto 773/1997, de 30 de mayo, sobre disposiciones mínimas de seguridad y salud relativas a la utilización por los trabajadores de equipos de protección individual.
- Real Decreto 486/1997, de 14 de abril, por el que se establecen las disposiciones mínimas de seguridad y salud en los lugares de trabajo.
- Real Decreto 485/1997, de 14 de abril, sobre disposiciones mínimas en materia de señalización de seguridad y salud en el trabajo.
- Ley 31/1995, de 8 de noviembre, de Prevención de Riesgos Laborales.
- Real Decreto 552/2019, de 27 de septiembre, por el que se aprueban el Reglamento de seguridad para instalaciones frigoríficas y sus instrucciones técnicas complementarias.

- Real Decreto 842/2002, de 2 de agosto, por el que se aprueba el Reglamento Electrotécnico para Baja Tensión e Instrucciones Técnicas Complementarias ITC BT 01 a 51 (BOE núm. 224, de 18 de septiembre de 2002).
- Real Decreto 56/2016, de 12 de febrero, por el que se transpone la Directiva 2012/27/UE del Parlamento Europeo y del Consejo, de 25 de octubre de 2012, relativa a la eficiencia energética.
- Norma UNE-13779 sobre condiciones de Ventilación en los locales.
- Norma UNE-15221 sobre la Gestión de instalaciones para la construcción sostenible.
- Real Decreto 809/2021, de 21 de septiembre, por el que se aprueba el Reglamento de equipos a presión y sus instrucciones técnicas complementarias.
- Ley 21/2013, de 9 de diciembre, de Evaluación Ambiental.
- Ley 8/2013, de 26 de junio, de rehabilitación, regeneración y renovación urbanas.

NORMATIVA AUTONÓMICA:

- Orden conjunta de 22 de febrero de 2001, de las Consellerias de Medio Ambiente y Sanidad, por la que se aprueba el protocolo de limpieza y desinfección de los equipos de transferencia de masa de agua en corriente de aire con producción de aerosoles, para la prevención de la legionelosis.
- Orden 9/2010, de 7 de abril, de la Conselleria de Infraestructuras y Transporte, por la que se modifica la Orden de 12 de febrero de 2001, de la Conselleria de Industria y Comercio, por la que se modifica la de 13 de marzo de 2000, sobre contenido mínimo en proyectos de industrias e instalaciones industriales. [2010/4062].
- Ley 7/2002 de 3 de diciembre de la Generalitat Valenciana, de Protección contra la Contaminación acústica.
- Decreto Legislativo 1/2021, de 18 de junio, del Consell de aprobación del texto refundido de la Ley de ordenación del territorio, urbanismo y paisaje.

3. CARACTERÍSTICAS ARQUITECTÓNICAS

3.1.Descripción del edificio

El centro objeto de diseño al que se refiere el actual proyecto está situado en la planta baja de un edificio de viviendas construidas. Se trata de un centro deportivo de una única planta con un espacio diáfano dividido en diversas zonas en función del ejercicio a practicar cuando se encuentre en funcionamiento. Cabe también mencionar que se encuentra en la ciudad de Valencia.

3.1.1. Uso del edificio y zonas climatizadas

El centro está destinado a ser un centro deportivo que cuente con espacios funcionales para realizar todo tipo de actividades, así como espacios reservados para el personal que en él trabaje. El edificio cuenta con una altura de 3,6 metros en todas sus instalaciones y con techo descubierto, por lo que, se indica a continuación, en la *Tabla 1. Distribución y ocupación*, a modo resumen, todas las dependencias con la ocupación máxima estimada que tendrá durante su funcionamiento. Esta ocupación, ha sido hallada con las condiciones establecidas en el Reglamento de Seguridad en caso de Incendio, en el que se establece según la *"Tabla 2.1. Densidades de ocupación" (MITMA, 2019)*, que para una zona de público en gimnasios con aparatos se debe establecer un espacio de 5 m^2 por persona. Es importante destacar, que algunos de los espacios mostrados en la *Tabla 1. Distribución y ocupación* no están climatizados por considerarse un consumo de energía innecesario por su futuro uso. En estos casos se indica en la tabla un número de ocupación de 0 personas.

Espacio	Superficie (m^2)	Volumen (m^3)	N° personas
Entrada	15	54	3
Recepción	150	540	30

Aseo accesible	9	32,4	2
Aseo mujeres	8	28,8	2
Vestuario mujeres	35	126	7
Sala técnica 1	13	46,8	0
Vestuario hombres	39	140,4	8
Cardio 1	64	230,4	13
Funcional / estiramiento	51	183,6	11
Sala técnica 2	20	72	0
Fuerza	120	432	24
Cardio 2	140	504	28
Aseo hombres	6	21,6	2
Almacén	5	18	0
Peso libre inicio	40	144	8
Sala técnica 3	4	14,4	0
Peso libre	158	568,8	32
Sala técnica 4	9	32,4	0

Tabla 1. Distribución y ocupación

3.1.2. Horarios de apertura y cierre

Cuando el centro se encuentre en funcionamiento, tendrá un horario habitual para este tipo de centros, diurno en todo caso. Este estará comprendido desde las 8:00h hasta las 22:00h de lunes a domingo, por lo que es importante contar con estas horas al establecer los requerimientos y equipos a instalar. Se cuenta con la programación de equipos para que el centro se encuentre operativo en cuanto a condiciones térmicas desde la hora de apertura independientemente de encontrarse personal de forma previa a esta hora.

3.1.3. Orientación

El edificio analizado dispone de diversas fachadas dividiéndose estas en noroeste, nordeste, sudeste y suroeste. La orientación de las fachadas principales es noroeste con un área total de 144 m². En consecuencia, la fachada trasera del edificio está orientada hacia el sureste (152 m²), opuesta a la fachada principal. Las otras dos fachadas están orientadas hacia el suroeste (137 m²) y noreste (54 m²), respectivamente.

La orientación noroeste de la fachada principal puede tener implicaciones importantes en términos de la exposición solar y la iluminación natural. En general, esta orientación podría permitir una buena entrada de luz durante la tarde, mientras que la fachada sureste podría recibir más luz por la mañana.

La planificación cuidadosa de la disposición de las ventanas y aberturas, junto con consideraciones climáticas locales, puede influir en la eficiencia energética del edificio y en la comodidad de sus ocupantes. Este punto se analizará detenidamente en el apartado de *Radiación solar*.

3.2. Emplazamiento

El centro se encuentra situado en Valencia, ciudad de la costa este de España, cuya altitud media es relativamente baja en comparación con otras regiones del país. La altitud de Valencia varía entre aproximadamente 10 y 15 metros sobre el nivel del mar. Esta topografía contribuye a su clima mediterráneo, caracterizado por inviernos suaves y veranos cálidos, influenciados en parte por la proximidad al mar Mediterráneo. Estas características específicas de Valencia tienen implicaciones en diversos aspectos, como por ejemplo en la temperatura y la variabilidad del clima, además, es un factor clave a considerar en la comprensión integral de su entorno geográfico y climático. El centro, más concretamente, se ubica en la Avenida de la Constitución, 262, la latitud en este punto es 39,496795° y la longitud -0,370645° *Figura 1. Ubicación del centro*, con una altura de 11 metros sobre el nivel del mar *(topographic-map.com, s.f.)*.

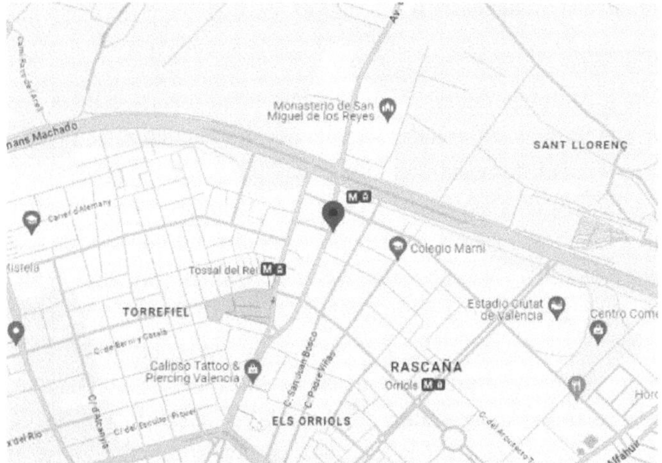

Figura 1. Ubicación del centro

3.3. Temperaturas y humedades

Precipitaciones:

La ciudad de Valencia se caracteriza por sus condiciones climáticas en las que los niveles de precipitaciones son mínimas a lo largo del año teniendo un valor aproximado de 427 mm *(CLIMATE-DATA.ORG, 2021)*. El mes con un menor número de precipitaciones es julio, con valores que no llegan a superar los 10mm, el mes con mayor número de precipitaciones es septiembre, con valores poco elevados que oscilan entorno a los 60mm. Estos datos se pueden observar en el resumen mostrado en la *Tabla 2. Resumen histórico general Valencia.*

Humedad relativa:

Puesto que se trata de una ciudad costera, Valencia cuenta con valores de humedad relativamente elevados, siendo estos más bajos durante los meses de verano por la influencia del clima mediterráneo con las brisas marinas que ayudan a moderar la humedad. Durante los meses de otoño, con la contribución de las lluvias ocasionales, los niveles de humedad relativa aumentan llegando a tener valores medios del 70%, como se puede observar en la *Tabla 2. Resumen histórico general Valencia*. En los meses de invierno, la humedad relativa se estabiliza teniendo niveles moderados y en primavera aumenta ligeramente con la llegada de precipitaciones moderadas y el aumento de temperaturas.

Temperaturas:

Respecto a las temperaturas, Valencia presenta veranos cálidos e inviernos suaves, con valores sin grandes variaciones, de alrededor de 15,7ºC, debido a ser una ciudad de costa con clima mediterráneo. La temperatura media máxima se presenta en el mes de agosto con un valor de 30,8ºC y la temperatura media mínima se presenta en enero con un valor de 6,6ºC. Para ser más concretos, los meses de verano cuentan con unas temperaturas diurnas que suelen oscilar entre los 30ºC y los 35ºC con unas temperaturas nocturnas mínimas de 20ºC. Los meses de invierno, como es habitual, muestran las temperaturas más bajas del año, pero siendo estas suaves, variando de forma diurna entre 10ºC y 20ºC y teniendo valores de 5ºC en las noches más frías. Todos los datos dados son referidos al intervalo comprendido entre los años 1999 y 2021 que se muestran una vez más en la *Tabla 2. Resumen histórico general Valencia*. Con todo esto y con los datos recogidos a lo largo de los 22 años referidos se puede obtener un valor medio de temperatura anual de 17,6ºC. *(CLIMATE-DATA.ORG, 2021)*

	Temperatura media (ºC)	Temperatura mínima (ºC)	Temperatura máxima (ºC)	Precipitación (mm)	Humedad (%)	Días lluviosos (días)	Horas de sol (horas)
Enero	10,20	6,60	15,10	32,00	67,00	4,00	7,60
Febrero	10,70	8,70	18,10	37,00	63,00	4,00	8,10
Marzo	13,30	8,70	18,80	43,00	61,00	3,00	9,20
Abril	15,80	11,20	20,80	35,00	61,00	5,00	10,20
Mayo	19,30	14,60	24,20	30,00	59,00	4,00	11,60
Junio	23,60	18,60	28,50	20,00	62,00	5,00	12,40
Julio	28,00	21,80	30,80	15,00	65,00	4,00	11,80
Agosto	25,90	21,40	30,00	20,00	65,00	3,00	10,30
Septiembre	22,80	19,00	27,20	28,00	68,00	6,00	9,00
Octubre	18,10	15,50	23,00	60,00	70,00	7,00	8,10
Noviembre	13,90	10,50	18,30	59,00	67,00	8,00	7,70
Diciembre	10,80	7,50	15,40	42,00	69,00	6,00	7,20

Tabla 2. Resumen histórico general Valencia (CLIMATE-DATA.ORG, 2021)

A pesar de haberse realizado una descripción con datos específicos acerca de la humedad, precipitaciones y temperatura, se muestra en la *Figura 2. Climograma de Valencia. Fuente:*, un resumen de los datos facilitados, donde se pueden contrastar todos ellos de una forma fácil y rápida.

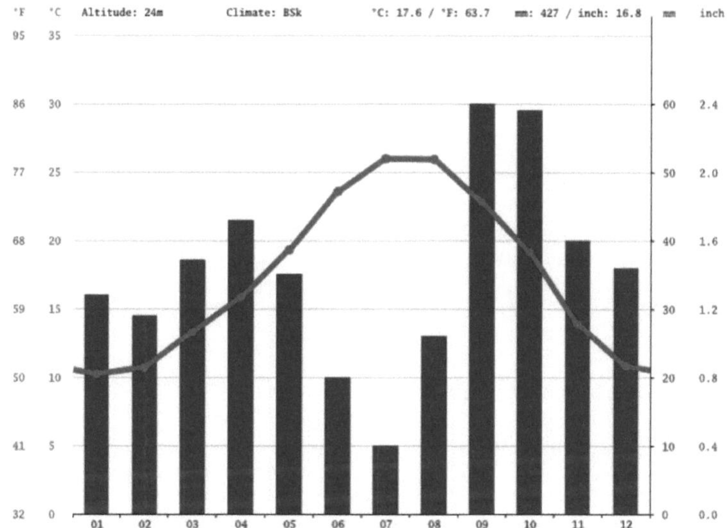

Figura 2. Climograma de Valencia. Fuente: (CLIMATE-DATA.ORG, 2021)

Posteriormente, en el apartado *Climatización (comprobación de resultados mediante "Clima")* se estudian los requerimientos térmicos mediante el programa informático *"CLIMA"*, desarrollado por miembros de la Universidad Politécnica de Valencia *(UPV, s.f.)*. Hay que tener en cuenta que este software solicita datos de temperaturas como las oscilaciones medias diarias (OMD) y las oscilaciones medias anuales (OMA). Para obtener estos datos se recurre a los datos facilitados por el *"Instituto para la Diversificación y Ahorro de la Energía" (IDAE, s.f.)* y que proceden de la *"Agencia Estatal de Meteorología" (AEMET, s.f.)* y todas sus estaciones meteorológicas. Se indican estos en la *Figura 3. Datos climatológicos (estación meteorología Valencia). Fuente:*

Provincia	Estación		Indicativo
Valencia	Valencia		8416

UBICACIÓN: CENTRO CIUDAD			Nº DE OBSERVACIONES Y PERIODO			
a.s.n.m. (m)	Lat.	Long.	T seca	Hum. relativa	T terreno	Rad
11	39°28'50"	00°21'59"W	77.561	12.843	4.741	

CONDICIONES PROYECTO CALEFACCIÓN (TEMPERATURA SECA EXTERIOR MÍNIMA)

TSMIN (°C)	TS_99,6 (°C)	TS_99 (°C)	OMDC (°C)	HUMcoin (%)	OMA (°C)
-1,6	4,4	5,5	10,9	73,1	28,5

CONDICIONES PROYECTO REFRIGERACIÓN (TEMPERATURA SECA EXTERIOR MÁXIMA)

TSMAX (°C)	TS_0,4 (°C)	THC_0,4 (°C)	TS_1 (°C)	THC_1 (°C)	TS_2 (°C)	THC_2 (°C)	OMDR (°C)
40,3	32,9	22,3	31,3	22,6	30,2	23,3	12,3

CONDICIONES PROYECTO REFRIGERACIÓN (TEMPERATURA HÚMEDA EXTERIOR MÁXIMA)

TH_0,4 (°C)	TSC_0,4 (°C)	TH_1 (°C)	TSC_1 (°C)	TH_2 (°C)	TSC_2 (°C)
26,0	26,0	25,5	25,5	25,0	25,0

Figura 3. Datos climatológicos (estación meteorología Valencia). Fuente: (Asociación Técnica Española de Climatización y Refrigeración)

3.4. Elementos constructivos

3.4.1. Cerramientos arquitectónicos

Los cerramientos arquitectónicos con los que cuenta el edificio son los indicados a continuación, mostrados con su transmitancia térmica (U) obtenida del programa "*CLIMA*", que se puede ver en el *ANEXO III. Informe CLIMA*.

- o Pared exterior: Mortero de cemento de 1,5 cm de espesor, ladrillo perforado de 11,5 cm, capa de aislante genérico de espuma de 2,7 cm, ladrillo hueco de 4cm y enlucido de yeso de 1,5 cm. U = 0,83 W/m^2*K
- o Ventanas: cristal climalit con dos lunas Planilux de 6 mm de espesor y cámara de aire de 6mm. U = 2,50 W/m^2*K
- o Suelo interior: Forjado de 20 cm, capa de aislante de 6,6 cm, mortero de cemento de 1,5 cm y solado de baldosa de terrazo de 1,5 cm. U = 0,52 W/m^2*K
- o Techo interior: Forjado cerámico de 25 cm, capa de hormigón con áridos ligeros de 7 cm, aislante de 7,3 cm, mortero de cemento de 1,5 cm y solado de baldosa de terrazo de 1,5 cm. U = 0,45 W/m^2*K

o Pared interior: tabique formado por doble placa de pladur de 1,5 cm con relleno de lana de roca de 70 kg/m³ de densidad. U = 1,23 W/m²*K

4. ESTUDIO DE CARGAS Y CÁLCULO DE DEMANDAS

4.1. Climatización

4.1.1. Calidad del aire y ventilación

Para conocer la calidad y renovaciones exigidas por normativa, se recurre al Código Técnico de la Edificación (CTE) *(Ministerio de transportes, s.f.)* y más concretamente al Reglamento de Instalaciones Térmicas en Edificios (RITE) *(BOE, s.f.)*.

En este reglamento, la calidad del aire interior (IDA) depende del uso al que estará destinado dividiéndose de la siguiente forma:

- IDA 1 (aire de óptima calidad): hospitales, clínicas, laboratorios y guarderías.
- IDA 2 (aire de buena calidad): oficinas, residencias (locales comunes de hoteles y similares, residencias de ancianos y de estudiantes), salas de lectura, museos, salas de tribunales, aulas de enseñanza y piscinas.
- IDA 3 (aire de calidad media): edificios comerciales, cines, teatros, salones de actos, habitaciones de hoteles y similares, restaurantes, cafeterías, bares, salas de fiestas, gimnasios, locales para el deporte (salvo piscinas) y salas de ordenadores.
- IDA 4 (aire de calidad baja)

Al tratarse de un gimnasio, la calidad de aire exigida es IDA 3, clasificación que se tienen cuenta para calcular el caudal mínimo de aire exterior.

Se procura mantener la velocidad del aire en la zona ocupada dentro de los límites de confort, considerando las actividades de las personas, en este caso actividades muy pesadas, así como la temperatura seca del aire (t). Para ello, se recurre a la *Ecuación (1)* en la zona ocupada (V), que indica la difusión por mezcla y las condiciones según el RITE:

$$V = \frac{t}{100} - 0,07 \; m/s \qquad (1)$$

Esta temperatura seca se establece en 21°C para los meses de invierno, en 24°C para los meses entre verano e invierno y en 26°C para los meses de verano, teniendo así las siguientes velocidades:

$$V_{verano} = 0,19\,\frac{m}{s}$$

$$V_{invierno} = 0,14\,\frac{m}{s}$$

$$V_{entret.} = 0,17\,\frac{m}{s}$$

A la hora de calcular el caudal mínimo de aire exterior de ventilación para lograr la calidad de aire interior, se pueden seguir cinco métodos:

- Método indirecto de caudal de aire exterior por persona
- Método directo por calidad del aire percibido
- Método directo por concentración de CO_2
- Método indirecto de caudal de aire por unidad de superficie.
- Método de dilución.

Para este proyecto se usa el primero por ser el más utilizado.

Método indirecto de caudal de aire exterior por persona

Según este método, dependiendo de la calidad de aire requerida, se obtiene un caudal en función del número de personas, tal y como se muestra en la *Tabla 3. Caudales de aire exterior en dm3/s por persona* que se ha extraído del RITE de la *"Tabla 1.4.2.1 Caudales de aire exterior, en dm^3/s por persona."*

Categoría	dm³/s por persona
IDA 1	20
IDA 2	12,5
IDA 3	8
IDA 4	5

Tabla 3. Caudales de aire exterior en dm³/s por persona

Dado que se tiene una ocupación total de 170 personas como se muestra en la *Tabla 1. Distribución y ocupación*, se necesita un caudal total de 1360 dm³/s que es igual a 4896 m³/h.

4.1.2. Iluminación y equipos

La iluminación es un factor a tener en cuenta a la hora de llevar a cabo cualquier tipo de instalación. De acuerdo a la norma UNE 12464-1, un centro deportivo requiere una iluminación comprendida entre 300 y 500 lux. Puesto que en este gimnasio el techo es descubierto, con el fin de evitar una influencia visual de las canalizaciones se utiliza una iluminación de 500 lux, lo que corresponde a 4 W/m^2 con luminarias de tecnología LED. Este, además se encuentra por debajo de los límites establecidos por el DB HE-3 *(Ministerio de transportes, s.f.)* que se muestran en la *Tabla 4. Potencia máxima por superficie iluminada*. Teniendo una superficie total de 835 m^2 climatizados, la carga debida a iluminación es de 3,34 kW.

Tabla 3.2 - HE3 Potencia máxima por superficie iluminada ($P_{TOT,lim}/S_{TOT}$)

Uso	E Iluminancia media en el plano horizontal (lux)	Potencia máxima a instalar (W/m^2)
Aparcamiento		5
Otros usos	≤ 600	10
	> 600	25

Tabla 4. Potencia máxima por superficie iluminada

Los equipos con los que cuenta el gimnasio que producen una carga adicional a las luces, son ocho bicicletas estáticas, doce bicicletas elípticas, tres cintas de correr y un ordenador para el personal de recepción.

Se estima que las bicicletas estáticas producen una carga de 180 W, las bicicletas elípticas 85 W, las cintas 530 W y el ordenador 200 W, estos datos se han contrastado con diversos modelos puesto que no se conoce el modelo final que pondrá el cliente al estar fuera del presente proyecto. Finalmente se tiene una carga debida a equipos de 4,25 kW.

4.1.3. Cargas producidas por personas

La carga provocada por una persona se divide en dos componentes sensible y latente.

- La carga sensible se refiere a la cantidad de calor que causa un cambio en la temperatura de un espacio sin cambio de estado del aire. En otras palabras, es la cantidad de calor que afecta directamente a la temperatura del aire.

- La carga latente se refiere a la cantidad de calor que causa un cambio de estado del aire sin cambiar su temperatura. Se asocia principalmente con la humedad en el aire y el proceso de cambio de fase, como la evaporación.

En la gran mayoría de centros públicos únicamente se controla la carga sensible, a excepción de lugares en los que se encuentran elementos como alimentos que son susceptibles de experimentar cambios debidos a las cargas latentes. En el caso de este gimnasio, puesto que finalmente se comprueban los resultados obtenidos y se contrastan con los dados por el programa "*CLIMA*", se tienen en cuenta ambas cargas.

En la *Tabla 5. Cargas humanas*, se muestran las aportaciones sensibles por persona dependiendo del grado de actividad y de la temperatura seca del local. En este caso se han considerado las temperaturas de 21ºC en invierno (3 meses), de 26ºC en verano (3 meses) y 24ºC para los meses entre verano e invierno (6 meses), y grado de actividad "trabajo penoso", siendo éste el máximo y el que se corresponde al habitual en un gimnasio.

Grado de actividad	Temperatura seca del local					
	26ºC		24ºC		21ºC	
	W		W		W	
	Sensible	Latente	Sensible	Latente	Sensible	Latente
Sentados, en reposo	61	41	67	35	75	27
Sentados, trabajo muy ligero	63	53	70	46	79	37
Empleado de oficina	63	68	71	60	82	49
De pie, marcha lenta	63	68	71	60	82	49
Sentado, de pie	64	82	74	72	85	61
Sentado, restaurante	71	90	82	79	94	67
Trabajo ligero en banco de taller	72	147	86	133	107	113
Baile o danza	80	168	95	153	117	131
Marcha, 5 km/h	96	196	111	181	135	158
Trabajo penoso	142	282	153	270	176	247

Tabla 5. Cargas humanas. Fuente: (Jutglar Banyeras, Villarrubia Lopez, & Miranda Barreras, 2017)

Es importante mencionar, que los datos dados en la *Tabla 5. Cargas humanas*. Fuente: no se corresponden con los que toma el programa "*CLIMA*" de su base de datos, debido a que es un valor aproximado, es decir, depende de las características personales de cada uno.

Con los datos de la *Tabla 1. Distribución y ocupación* que se ha mostrado anteriormente, se puede obtener la carga sensible total para verano y para invierno debida al factor humano.

Espacio	Nº personas	Carga sensible por persona en invierno (W)	Carga sensible por persona en verano (W)	Carga sensible por persona entre meses (W)	Carga total invierno (W)	Carga total entre meses (W)	Carga total verano (W)
Entrada	3	176	142	153	528	459	426
Recepción + pasillo	30	176	142	153	5280	4590	4260
Aseo accesible	2	176	142	153	352	306	284
Aseo mujeres	2	176	142	153	352	306	284
Vestuario mujeres	7	176	142	153	1232	1071	994
Vestuario hombres	8	176	142	153	1408	1224	1136
Cardio 1	13	176	142	153	2288	1989	1846
Funcional / estiramiento	11	176	142	153	1936	1683	1562
Fuerza	24	176	142	153	4224	3672	3408
Cardio 2	28	176	142	153	4928	4284	3976
Aseo hombres	2	176	142	153	352	306	284
Peso libre	8	176	142	153	1408	1224	1136

inicio							
Peso libre	32	176	142	153	5632	4896	4544

Tabla 6. Cargas sensibles humanas

De la *Tabla 6. Cargas sensibles humanas*, se deducen unos totales de:

- Carga sensible en invierno: 29,92 kW
- Carga sensible entre meses: 26,01 kW
- Carga sensible en verano: 24,14 kW

Con los datos de la *Tabla 1. Distribución y ocupación* que se ha mostrado anteriormente, se puede obtener la carga latente total para verano y para invierno debida al factor humano.

Espacio	Nº personas	Carga latente por persona en invierno (W)	Carga latente por persona en verano (W)	Carga latente por persona entre meses (W)	Carga total invierno (W)	Carga total entre meses (W)	Carga total verano (W)
Entrada	3	247	282	270	741	846	810
Recepción + pasillo	30	247	282	270	7410	8460	8100
Aseo accesible	2	247	282	270	494	564	540
Aseo mujeres	2	247	282	270	494	564	540
Vestuario mujeres	7	247	282	270	1729	1974	1890
Vestuario hombres	8	247	282	270	1976	2256	2160
Cardio 1	13	247	282	270	3211	3666	3510

Funcional / estiramien to	11	247	282	270			
					2717	3102	2970
Fuerza	24	247	282	270	5928	6768	6480
Cardio 2	28	247	282	270	6916	7896	7560
Aseo hombres	2	247	282	270	494	564	540
Peso libre inicio	8	247	282	270	1976	2256	2160
Peso libre	32	247	282	270	7904	9024	8640

Tabla 7. Cargas latentes humanas

De la *Tabla 7. Cargas latentes humanas*, se deducen unos totales de:

- Carga latente en invierno: 41,99 kW
- Carga latente entre meses: 47,94 kW
- Carga latente en verano: 45,90 kW

Teniendo en cuenta las cargas latentes y sensibles se tienen las siguientes cargas totales:

- Carga total en invierno: 71,91 kW
- Carga total entre meses: 73,92 kW
- Carga total en verano: 70,04 kW

4.1.4. Radiación solar

La radiación solar que llega a la Tierra se divide en tres componentes principales: radiación global, radiación difusa y radiación directa. Estas componentes describen cómo la energía solar se distribuye y se transmite a través de la atmósfera terrestre.

La radiación global se refiere a la suma total de la radiación solar que llega a la superficie terrestre desde todas las direcciones del cielo. Incluye tanto la radiación directa que proviene del sol como la radiación difusa que se dispersa en la atmósfera y llega a la Tierra desde diferentes direcciones.

En resumen, la radiación global es la cantidad total de energía solar que llega a un lugar específico en un momento dado.

La radiación difusa es la radiación solar que se dispersa en la atmósfera y llega a la superficie terrestre desde direcciones no directamente relacionadas con la posición del sol. Esto ocurre cuando las partículas en la atmósfera dispersan la luz solar en varias direcciones. La radiación difusa contribuye a la iluminación del cielo incluso en áreas sombreadas y ayuda a proporcionar una iluminación suave y difusa en la superficie.

La radiación directa es la parte de la radiación solar que llega a la superficie terrestre en una línea recta desde el sol, sin ser dispersada o difuminada por la atmósfera. Es la forma más intensa de radiación solar y es responsable de la mayoría de la energía solar que llega a la superficie. La radiación directa es esencial para aplicaciones como la captación de energía solar para sistemas fotovoltaicos y térmicos.

En la *Figura 4. Radiación solar Valencia día tipo* se pueden observar estas tres radiaciones para un día tipo en Valencia, pudiendo ver la diferencia entre ellas.

Para tener el sistema de climatización correctamente dimensionado, es necesario considerar las peores condiciones para verano y para invierno. Así, en el caso de verano, son las condiciones con mayor radiación solar, con un valor de 200,38 W/m^2, obtenido con la ayuda del programa informático de cálculo solar *"PHOTOVOLTAIC GEOGRAPHICAL INFORMATION SYSTEM (PVGIS)" (Commission, s.f.).* Teniendo en cuenta que el mes con mayor radiación solar del año es julio y que se dispone de una fachada con un ángulo de 90°, se obtiene por lo tanto una suma de toda la irradiación y se divide por el número de horas resultando en el valor mencionado. El día con las peores condiciones para los meses de invierno es el que tenga una menor radiación solar, con un valor de 0 W/m^2, ambos valores obtenidos de nuevo de la estación de meteorología *(AEMET, s.f.)*

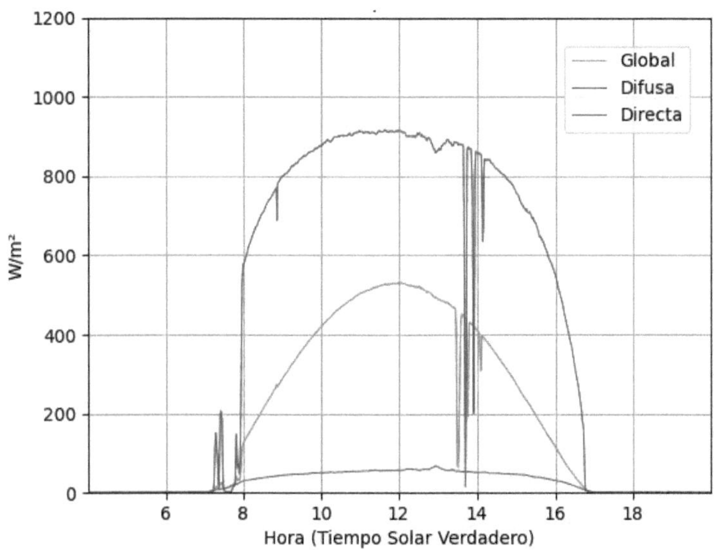

Figura 4. Radiación solar Valencia día tipo (AEMET, s.f.)

Para considerar el número de horas de luz y que de esta forma el valor de radiación solar media por superficie tenga sentido, se muestra en la *Figura 5. Número de horas de luz por meses (2019)* con datos obtenidos de *(epdata, 2019)*. El día del año con más horas de luz tiene 14,9 h y el día más corto tiene 9,4 h.

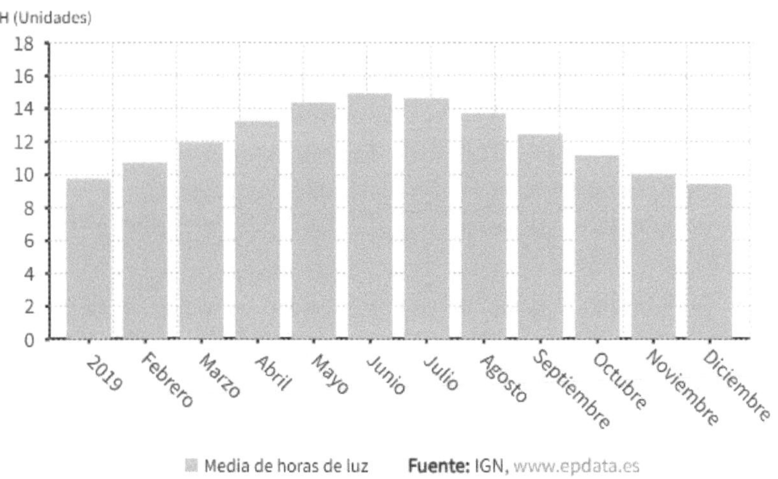

Figura 5. Número de horas de luz por meses (2019)

Recopilando los datos aportados, se puede calcular la aportación térmica máxima y mínima por radiación solar con la *Ecuación (2)*, sin tener en cuenta el aislamiento proporcionado por la fachada, considerando que el sol sale por el este, afectando principalmente a la fachada noreste, y se pone por el oeste, afectando principalmente a la fachada suroeste. La incidencia de la radiación solar se reparte a partes iguales entre las dos orientaciones, despreciando otro tipo de orientaciones por considerar que no influyen en gran medida en el aporte de cargas. Dado que la aportación térmica que es recibida por la superficie que ocupan las ventanas es mucho mayor que la recibida por la zona de pared exterior, se tiene en cuenta únicamente el área de ventanas. Para ello, es importante tener en cuenta que las ventanas utilizadas son "Guardian Sun®" de la marca "Guardian Glass", *(GuardianGlass, s.f.)*, la cual asegura un factor solar del vidrio del 43%. Las fachadas con orientación noreste tienen una superficie de 109,6 m² cubiertas por ventanas y las de orientación suroeste 43,2 m².

$$potencia\ por\ radiación\ solar \qquad\qquad (2)$$
$$= factor\ solar * radiación\ solar * superficie$$

Teniendo:

- Verano: $\left(43\% * 200{,}38 \left(\frac{W}{m^2}\right)\right) * (109{,}6 + 43{,}2)\ (m^2) = 13{,}16 kW$

- Invierno: $\left(43\% * 0 \left(\frac{W}{m^2}\right)\right) * (109{,}6 + 43{,}2)\ (m^2) = 0 kW$

4.1.5. Recuperaciones

Los recuperadores de calor son dispositivos utilizados en sistemas de ventilación para aprovechar la energía térmica contenida en el aire que se extrae de un edificio y transferirla al aire que ingresa al mismo procedente del exterior.

La principal función de un recuperador de calor es mejorar la eficiencia energética de un edificio al reducir la pérdida de calor durante el proceso de ventilación. Teniendo en cuenta que el caudal a renovar es de 4896 m³/h como se ha explicado en el apartado *4.1.1 Calidad del aire y ventilación*, se elige en el presente proyecto un número y modelo de recuperadores capaces de mover este caudal, tal y como se indica en el apartado de *Recuperadores* posteriormente.

4.2. Climatización (comprobación de resultados mediante "Clima")

A pesar de haberse calculado de forma teórica las necesidades en lo que respecta a climatización, se emplea el programa "CLIMA", que sirve para realizar una comparación de resultados y optar por el resultado más restrictivo respecto de los calculados.

En este programa se introducen todos los datos solicitados, incluyendo temperatura seca exterior máxima, humedad relativa coincidente, OMD, OMA, temperatura seca exterior mínima, etc. mencionados anteriormente en la *Figura 3. Datos climatológicos (estación meteorología Valencia). Fuente:* y se obtienen los resultados de cargas de ocupantes, luces, equipos, ventilación, cerramientos, huecos y puentes térmicos para refrigeración y calefacción.

4.2.1. Refrigeración

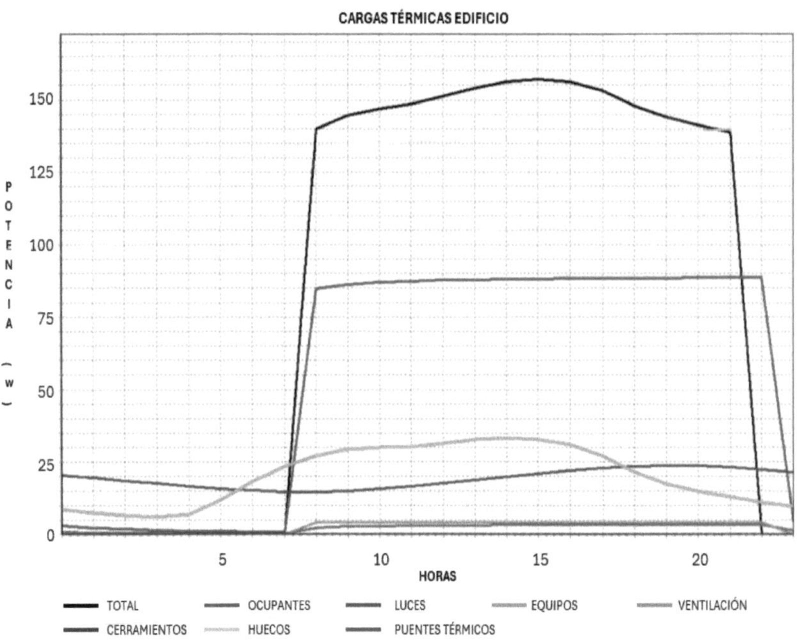

Figura 6. Cargas refrigeración dadas por programa

Cargas de refrigeración

Fecha máxima carga:	Julio	Hora: 15
CARGAS EDIFICIO	Total	Sensible
Total[kW]	157.04	88.49
Ratio[W/m2]	184.25	103.82
Ocupantes [kW]	88.28	22.99
Luces [kW]	3.21	3.21
Equipos [kW]	4.26	4.26
Ventilación [kW]	0.00	0.00
Cerramientos [kW]	20.90	20.90
Huecos [kW]	32.92	32.92
Puentes térmicos [kW]	0.00	0.00
Mayoracion [kW]	7.48	4.21
CLIMATIZADOR		
Potencia [kW]	44.07	5.70
LOCALES		
Local:P1_E1[28c37cba]	157.04	88.49

Tabla 8. Cargas refrigeración dadas por programa

Como se puede observar tanto en la *Figura 6. Cargas refrigeración* como en la *Tabla 8. Cargas refrigeración* , el día de mayor carga para refrigeración se tiene un valor de 157 kW. La variación entre el valor calculado y el mostrado por el programa, se encuentra principalmente en las cargas producidas por los ocupantes y se debe a que el programa coge un dato más conservador. Se elige este valor por considerarse más restrictivo.

4.2.2. Calefacción

En el caso de calefacción nos encontramos ante la misma situación, pero en este caso las cargas térmicas aportadas de manera indirecta benefician al sistema ya que se reduce la cantidad de energía real necesaria. Se muestra en la *Figura 7. Cargas calefacción* y en la *Tabla 9. Cargas calefacción* estos resultados.

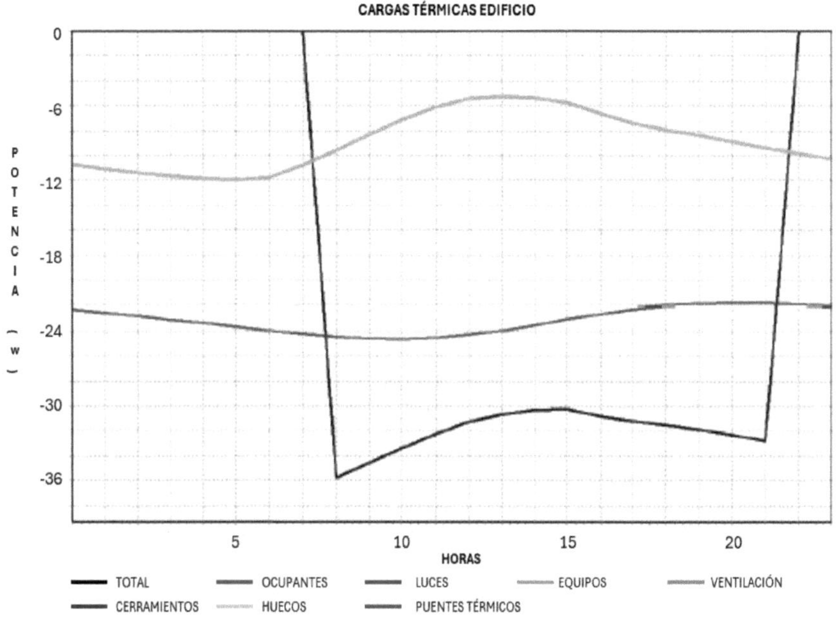

Figura 7. Cargas calefacción dadas por programa

Cargas de calefacción

Fecha máxima carga:	Febrero	Hora: 8
CARGAS EDIFICIO	Total	Sensible
Total[kW]	-35.74	-35.74
Ratio[W/m2]	-41.93	-41.93
Ocupantes [kW]	0.00	0.00
Luces [kW]	0.00	0.00
Equipos [kW]	0.00	0.00
Ventilación [kW]	0.00	0.00
Cerramientos [kW]	-24.45	-24.45
Huecos [kW]	-9.58	-9.58
Puentes térmicos [kW]	0.00	0.00
Mayoracion [kW]	-1.70	-1.70
CLIMATIZADOR		
Potencia [kW]	-14.20	-5.25
LOCALES		
Local:P1_E1[28c37cba]	-35.74	-35.74

Tabla 9. Cargas calefacción dadas por programa

4.3. Demanda de ACS

4.3.1. Temperatura

En el marco de la creciente importancia de la higiene y seguridad en espacios compartidos, este proyecto se centra en la optimización de la temperatura del agua caliente sanitaria (ACS) en gimnasios, con un enfoque específico en mantenerla a 60°C, tal y como se indica en el DB HE *(Ministerio de transportes, s.f.)* en los comentarios del ahorro de energía. La temperatura del agua desempeña un papel fundamental en la prevención de la proliferación de patógenos y la promoción de un entorno higiénico en instalaciones deportivas, por ello, es necesario contar con un sistema capaz de elevar esta temperatura por encima de 70°C en determinadas ocasiones para eliminar patógenos como la Legionela (RD 487/2022). En este sentido, se evalúan tecnologías y prácticas que faciliten la eficiencia térmica para cumplir con este estándar.

La conformidad normativa es fundamental, asegurando que el proyecto cumpla con las regulaciones locales y normativas relacionadas con la temperatura del ACS en entornos públicos. Al concluir el proyecto, se espera lograr una gestión eficiente de la temperatura del ACS a 60°C en el gimnasio, contribuyendo así a un entorno más seguro y saludable para los usuarios. El control riguroso de la temperatura tiene el potencial de reducir los riesgos de contaminación microbiológica en el agua y mejorar la calidad sanitaria de las instalaciones.

También se debe tener en cuenta que se pueden tener pérdidas térmicas por distribución, acumulación y recirculación, por lo que en caso de ser necesario se elevará la temperatura por encima de los 60°C requeridos.

4.3.2. Cálculo de la demanda de ACS

El cálculo de la demanda de ACS es otro de los puntos que trata el Documento Básico HE *(Ministerio de transportes, s.f.)* en su apartado de comentarios de ahorro energético, en el que se distinguen dos tipos de usos, el residencial y el de uso distinto al residencial. En la *Tabla 10. Demanda de ACS* se muestran los caudales exigidos por normativa en función del uso al que esté destinado la instalación.

Criterio de demanda	Litros / dia · persona
Hospitales y clínicas	55
Ambulatorio y centro de salud	41
Hotel *****	69
Hotel ****	55
Hotel ***	41
Hotel / hostal **	34
Camping	21
Hostal / pensión *	28
Residencia	41
Centro penitenciario	28
Albergue	24
Vestuarios / Duchas colectivas	21
Escuela sin ducha	4
Escuela con ducha	21
Cuarteles	28
Fábricas y talleres	21
Oficinas	2
Gimnasios	21
Restaurantes	8
Cafeterías	1

Tabla 10. Demanda de ACS en litros/día*persona (Ministerio de transportes, s.f.)

Al tratarse de un gimnasio, es necesario contar con una producción de 21 l/día por persona y contando con que la ocupación estimada máxima es de 170 personas, se dispone de un caudal de 3570 litros/día para tener previsto el peor caso en el que la ocupación sea completa en todo momento.

Mediante la *Ecuación (3)* se halla la demanda en kWh/año.

$$D_{ACS} = V_{ACS} * c_e * (T_{USO} - T_{RED})$$ (3)

Siendo:

D_{ACS} = la demanda energética de ACS (kWh/día)

V_{ACS} = Volumen consumido de ACS (m³/día), a la temperatura de utilización

c_e = Calor específico (kWh / (m³·°C)); para el agua toma el valor de 1,16

T_{USO} = Temperatura de uso (°C)

T_{RED} = Temperatura de agua fría de consumo humano (°C)

De los valores expuestos para la *Ecuación (3)*, únicamente se necesita conocer el de la temperatura de red. La temperatura media de red (T_{RED}) se puede obtener del DB HE en el Anexo G *(Ministerio de transportes, s.f.)*. En la *Tabla 11. Demanda de ACS* se muestra un resumen del cálculo realizado.

Mes	Dias/mes	Porcentaje ocupación	Demanda diaria ACS (Litros/día)	Demanda mensual ACS (m^3/mes)	Temperatura ACS (ºC)	Temperatura red (ºC)	Demanda de energía (kWh/mes)
Enero	31	100%	3570	110,67	60	10	6418,86
Febrero	28	100%	3570	99,96	60	11	5681,73
Marzo	31	100%	3570	110,67	60	12	6162,11
Abril	30	100%	3570	107,1	60	13	5839,09
Mayo	31	100%	3570	110,67	60	15	5776,97
Junio	30	100%	3570	107,1	60	17	5342,15
Julio	31	100%	3570	110,67	60	19	5263,47
Agosto	31	100%	3570	110,67	60	20	5135,09
Septiembre	30	100%	3570	107,1	60	18	5217,91
Octubre	31	100%	3570	110,67	60	16	5648,60
Noviembre	30	100%	3570	107,1	60	13	5839,09
Diciembre	31	100%	3570	110,67	60	11	6290,48
						Total anual	68615,54

Tabla 11. Demanda de ACS en kWh/año

5. ANÁLISIS DE ALTERNATIVAS

A lo largo de este apartado se lleva a cabo un análisis de diversas alternativas posibles para mejorar la eficiencia de la instalación. Se tienen en cuenta los puntos favorables y desfavorables de cada tecnología en función de las características propias de la instalación.

5.1. Aerotermia

La producción mediante aerotermia aprovecha la energía presente en el aire para generar calor. La eficiencia del sistema se basa en el Coeficiente de Rendimiento (COP), que indica la relación entre la energía entregada y la consumida. La aerotermia es versátil y se adapta a diversas condiciones climáticas, siendo eficaz durante todo el año.

En términos ambientales, la aerotermia contribuye a la reducción de emisiones de gases de efecto invernadero al utilizar una fuente de energía renovable. Su bajo impacto ambiental la posiciona como una opción sostenible.

Aspectos prácticos incluyen el mantenimiento y durabilidad del sistema, así como su adaptabilidad a diferentes contextos climáticos y geográficos. La aerotermia ofrece una alternativa eficiente y respetuosa con el medio ambiente para la producción de ACS y la climatización, contribuyendo a la sostenibilidad energética y la reducción de la huella de carbono.

En cuanto a las temperaturas que se pueden obtener con la aerotermia, dependen del diseño del sistema y de las condiciones ambientales. Los sistemas de aerotermia, a nivel teórico, pueden alcanzar temperaturas de agua de hasta 55-60°C, que son suficientes para cubrir las necesidades de ACS en hogares y edificaciones. El principal problema es que en determinadas ocasiones será necesario aumentar la temperatura hasta los 70°C para evitar la legionela y en estos siempre habrá que recurrir al sistema de apoyo de la propia aerotermia o un sistema externo.

5.2. Captadores solares

La producción mediante captadores solares es un proceso que aprovecha la radiación solar como fuente de energía sostenible. En este sistema, los captadores solares, ya sean colectores planos o tubos de vacío, desempeñan un papel crucial. Estos dispositivos están diseñados para absorber la radiación solar incidente y convertirla en calor utilizable.

En el caso de los colectores planos, una placa absorbedora, recubierta con un material altamente eficiente para absorber la radiación solar, calienta un fluido que circula a través de tuberías en contacto con dicha placa. Por otro lado, los tubos de vacío contienen un líquido o gas que se calienta al absorber la radiación solar y luego transfiere este calor al fluido que se utiliza para la producción de ACS.

En ambos casos, el fluido calentado se dirige hacia un sistema de almacenamiento o intercambiador de calor, donde se utiliza para elevar la temperatura del agua destinada al consumo sanitario. Este proceso es altamente eficiente y sostenible, ya que reduce la dependencia de fuentes de energía convencionales y contribuye a la mitigación del impacto ambiental al aprovechar una fuente renovable y abundante como es la energía solar.

La producción de ACS con captadores solares no solo presenta beneficios ambientales al reducir las emisiones de gases de efecto invernadero, sino que también puede traducirse en ahorros económicos a largo plazo al disminuir el consumo de energía convencional. En definitiva, este enfoque representa una solución efectiva y respetuosa con el medio ambiente para satisfacer las necesidades de agua caliente en hogares y edificaciones.

Los sistemas de captadores solares pueden proporcionar agua caliente a temperaturas que generalmente oscilan entre 40°C y 80°C, dependiendo de factores como la intensidad de la radiación solar y el diseño del sistema. Por lo general, los colectores solares planos tienen eficiencias que varían entre el 40% y el 70%, lo que significa que convierten esa proporción de la radiación solar en energía térmica utilizable.

Además, respecto a la climatización, en un sistema de refrigeración solar por absorción, los paneles solares térmicos se utilizan para proporcionar el calor necesario para impulsar el ciclo de refrigeración. Este tipo de sistema es especialmente útil en climas cálidos, ya que la demanda de refrigeración a menudo coincide con la disponibilidad de radiación solar.

5.3. Biomasa

La energía de biomasa para climatización y producción de agua caliente sanitaria (ACS) implica el uso de materiales orgánicos, como residuos de madera, pellets, astillas, residuos agrícolas o subproductos de la industria alimentaria, como fuente de energía.

La biomasa puede tomar varias formas, como pellets, astillas o residuos agrícolas. Estos materiales orgánicos se recogen y procesan para su uso como combustible en sistemas de biomasa. La biomasa se quema directamente o se somete a un proceso de gasificación para convertirla en gas. La combustión o gasificación libera energía térmica en forma de calor. El calor liberado durante la combustión o gasificación se utiliza para calentar un fluido térmico, como agua o un fluido térmico especializado. Este fluido se utiliza en un intercambiador de calor para transferir el calor al sistema de calefacción o para la producción de agua caliente sanitaria. En sistemas de climatización, el calor producido por la biomasa se utiliza para calentar el aire o el agua que luego se distribuye a través de radiadores, suelos radiantes o sistemas de aire acondicionado para calentar el espacio.

En la producción de agua caliente sanitaria, el calor se utiliza directamente para calentar agua destinada a grifos, duchas y otros usos domésticos o industriales.

Las principales ventajas que presenta es que es una fuente de energía renovable, ya que los materiales orgánicos pueden cultivarse y cosecharse de manera sostenible, además, ayuda a reducir la cantidad de residuos orgánicos que de otra manera podrían ser desechados y contribuir al problema de los vertederos. Tiene bajas emisiones de carbono, ya que, aunque la quema de biomasa emite dióxido de carbono, se considera neutra en carbono porque las plantas utilizadas para producir biomasa absorben dióxido de carbono durante su crecimiento. En comparación con los combustibles fósiles, la biomasa puede tener bajas emisiones netas de carbono.

Es importante tener en cuenta que la eficiencia y la viabilidad de los sistemas de biomasa pueden depender del tipo de biomasa utilizada, la eficiencia del equipo, y la gestión adecuada del combustible y las emisiones, entendiendo estos como posibles inconvenientes por las condiciones de las instalaciones donde la biomasa es un producto que necesitaría ser transportado regularmente al gimnasio y se debería preparar un sistema nuevo para las emisiones contando con que se encuentra ubicado en una planta baja con cinco alturas de viviendas construidas encima.

5.4. Geotermia

La geotermia es una forma de aprovechar el calor almacenado en el interior de la Tierra para la climatización y la producción de agua caliente sanitaria (ACS). Esta, aprovecha el calor natural presente en el subsuelo. Este calor puede provenir de la radiación solar absorbida por la Tierra y del calor residual generado por procesos geológicos internos. Para aprovechar el calor geotérmico, se utilizan sistemas de intercambio de calor, como sistemas de circuito cerrado o circuito abierto. En un sistema de circuito cerrado, se utiliza un fluido circulante, como una mezcla de agua y anticongelante, para absorber el calor del subsuelo. El fluido geotérmico circula a través de tuberías enterradas en el suelo o de un pozo geotérmico para absorber el calor del subsuelo. A medida que circula, el fluido se calienta. El fluido geotérmico caliente se transporta a una bomba de calor geotérmica. La bomba de calor utiliza el calor absorbido para vaporizar un refrigerante de baja ebullición. El refrigerante vaporizado se comprime, lo que eleva su temperatura y presión. Este calor se utiliza para calentar un fluido que circula a través de un sistema de distribución de calefacción o para la producción de agua caliente sanitaria.

Las ventajas que presenta este sistema pueden ser el aprovechamiento de una fuente de energía renovable y constante, ya que el calor del subsuelo no está sujeto a las variaciones estacionales o climáticas, ya que aprovecha la temperatura relativamente constante del subsuelo y las bajas emisiones de gases de efecto invernadero en comparación con los sistemas convencionales basados en combustibles fósiles.

Este sistema también presenta determinados inconvenientes dadas las características actuales como pueden ser el espacio disponible en la parcela, dado que la zona se encuentra urbanizada y se trata de un proyecto de reforma y los elevados costes de inversión que supone esta tecnología.

5.5. Paneles fotovoltaicos

Otra opción a considerar es la instalación de paneles fotovoltaicos, los cuales convierten la luz solar en electricidad a través del efecto fotovoltaico y esta se podría convertir en energía térmica a través de otros equipos como resistencias eléctricas o bombas de calor.

Los paneles fotovoltaicos están compuestos por celdas solares, generalmente fabricadas de silicio. Cuando la luz solar incide sobre estas celdas, los fotones de la luz impactan en los electrones de los átomos del silicio, liberando electrones y generando electricidad. Los electrones liberados en el proceso de absorción de la luz solar crean una corriente eléctrica en el material semiconductor, que forma parte de la celda solar. Esta corriente eléctrica es continua (corriente continua o CC). Para ser utilizada en el hogar o en la red eléctrica, se necesita convertir esta corriente continua en corriente alterna (CA), que es lo que utilizan la mayoría de los equipos eléctricos. Un inversor de corriente realiza esta conversión para disponer de energía eléctrica útil en situaciones normales. Además, un sistema fotovoltaico puede tener almacenamiento, se pueden utilizar baterías para almacenar el excedente de electricidad generada durante el día para su uso durante la noche o en días nublados, teniendo como único inconveniente el gran incremento de coste que implica su instalación.

Como principales ventajas se pueden mencionar su carácter renovable y sostenible, las nulas emisiones directas de gases de efecto invernadero, la reducción de la dependencia de combustibles fósiles y la ayuda a la transición hacia fuentes de energía más limpias.

Es importante señalar que la eficiencia de los paneles solares puede variar y depende de factores como la ubicación geográfica, la orientación de los paneles, la inclinación, la calidad de los paneles y la cantidad de luz solar disponible. Además, la tecnología de paneles solares ha avanzado con el tiempo, mejorando la eficiencia y reduciendo los costes.

5.6. Comparación de alternativas

	VENTAJAS	INCONVENIENTES
AEROTERMIA	- Versatilidad - Durabilidad - Útil durante todo el año - Bajo mantenimiento - Reducción de emisiones - Producción de energía directa	- Rango de temperaturas de 55-60ºC
CAPTADORES SOLARES	- Condiciones climáticas de Valencia - Durabilidad - Reducción de emisiones - Rango de temperaturas de 40-80ºC - Producción de energía directa	- Ocupación de espacio - Dependencia de condiciones climáticas
BIOMASA	- Producción de energía directa - Durabilidad - Amplio rango de temperaturas - Útil durante todo el año - Independencia de condiciones climáticas	- Disponibilidad de materia orgánica - Producción de emisiones - Acondicionamiento del espacio donde se sitúe la caldera - Mantenimiento
GEOTERMIA	- Reducción de emisiones - Independencia de condiciones climáticas - Alta eficiencia - Producción de energía directa	- Elevados costes de inversión - Espacio disponible para la implantación
PANELES FOTOVOLTAICOS	- Condiciones climáticas de Valencia - Durabilidad - Reducción de emisiones	- Ocupación de espacio - Dependencia de condiciones climáticas - Producción de energía térmica indirecta

Tabla 12. Ventajas e inconvenientes de las diferentes tecnologías consideradas

De la *Tabla 12. Ventajas e inconvenientes de las diferentes tecnologías*, se puede extraer que las tecnologías de aerotermia y captadores solares ofrecen mayores ventajas y se adaptan mejor al presente proyecto que otras tecnologías. Puesto que para el sistema de producción de ACS se necesitan temperaturas más elevadas se utilizan captadores solares y para la climatización se recurre al uso de la aerotermia.

6. DISEÑO DEL SISTEMA DE CLIMATIZACIÓN

6.1.Sistema VRF

Para el sistema de climatización se recurre al uso de un sistema VRF (Variable Refrigerant Flow), que proporciona calefacción y refrigeración mediante el control variable del flujo de refrigerante entre las unidades interiores y exteriores. Estos sistemas cuentan con una gran eficiencia energética.

El funcionamiento de estos sistemas de divide principalmente en dos partes, las unidades interiores que actúan como evaporadoras y las unidades exteriores que actúan como condensadoras o de forma opuesta para invertir el ciclo. Cada unidad interior está equipada con un ventilador para distribuir el aire y una bobina de intercambio de calor que puede proporcionar calefacción o refrigeración según sea necesario. Estas unidades están conectadas a la unidad exterior a través de tuberías que transportan el refrigerante, estas tuberías cuentan con el aislamiento adecuado para minimizar las pérdidas. Las unidades exteriores contienen un compresor que impulsa el refrigerante a través del sistema. El compresor tiene la capacidad de variar su velocidad, lo que permite ajustar el flujo de refrigerante según las demandas de calefacción o refrigeración en el edificio.

El sistema VRF ajusta el flujo de refrigerante según las necesidades de cada unidad. Puede suministrar refrigerante a múltiples unidades interiores simultáneamente, y la cantidad de refrigerante enviada a cada unidad se ajusta según los requisitos de temperatura. A pesar de contar únicamente con un espacio de climatización, esta característica puede ser útil debido a que el edificio cuenta con distintas orientaciones, influyendo en las diferencias de temperaturas que se pueden encontrar entre unas zonas y otras, además, en caso de que posteriormente se quieran diferenciar diversas zonas de climatización también sería posible. Este sistema además es reversible, lo que significa que pueden proporcionar calefacción y refrigeración según la temporada. Esto se logra invirtiendo el ciclo de refrigeración, de modo que la unidad exterior actúa como evaporador en invierno y como condensador en verano.

Las dimensiones de la red de tuberías se calcularán de acuerdo con los manuales técnicos proporcionados por la marca Hisense y se aislarán con coquilla de espuma elastomérica tipo Armaflex o similar.

6.2. Equipos de producción de frío y calor

6.2.1. Unidades exteriores

Para seleccionar las unidades exteriores del sistema, que serán bombas de calor aerotérmicas, se recurre al valor de demanda más restrictivo calculado en el apartado *Estudio de cargas* , en el que se ha obtenido una demanda térmica de 157 kW para invierno y de 35,75 kW para verano.

Dado que la demanda térmica es elevada, se usan varios equipos de manera simultánea, seleccionando dos unidades exteriores de bomba de calor modelo *VRF AVWT-250FKFSHA* con un caudal de aire de 400 m^3/min y una unidad modelo *VRF AVWT-76FKFSHA* con un caudal de aire de 183 m^3/min, de las cuales se indican sus potencias térmicas y eléctricas en la *Tabla 13. Potencias térmicas y eléctricas unidades exteriores*. El valor del rendimiento de eficiencia energética en frío (EER) de la primera unidad es de 4,62 y el COP de 5,13, mientras que para la segunda unidad se tiene un EER de 4,7 y un COP de 5,24.

POTENCIA PARA FRÍO					
Unidades	Equipo	Potencia térmica unitaria (W)	Potencia térmica total (W)	Potencia eléctrica absorbida (W)	Potencia eléctrica total absorbida (W)
2	VRF AVWT-250FKFSHA	73500	147000	15950	31900
1	VRF AVWT-76FKFSHA	22400	22400	4770	4770
POTENCIA PARA CALOR					

Unidades	Equipo	Potencia térmica unitaria (W)	Potencia térmica total (W)	Potencia eléctrica absorbida (W)	Potencia eléctrica total absorbida (W)
2	VRF AVWT-250FKFSHA	82500	165000	15950	31900
1	VRF AVWT-76FKFSHA	25000	25000	4770	4770

Tabla 13. Potencias térmicas y eléctricas unidades exteriores

Como se puede observar, los equipos se han diseñado con cierta holgura por si en un futuro se modifican las instalaciones y por lo tanto los aforos.

Las unidades exteriores están situadas en las salas técnicas, repartidas de forma que las unidades interiores queden lo más cercanas posibles y evitar así el uso excesivo de refrigerante dado el elevado coste de este. Se aprovecha la instalación de las unidades exteriores en estas salas porque disponen de rejillas preparadas que dan al exterior para embocar las unidades exteriores y que puedan realizar la admisión de aire del exterior.

6.2.2. Unidades interiores/terminales

Para las unidades interiores del sistema de climatización se usan terminales de tipo cassette repartidos por las instalaciones de forma uniforme. Su diseño empotrado en el techo y su distribución del flujo de aire permiten una apariencia más discreta y una mejor distribución de la temperatura. El modelo utilizado de unidades terminales es el cassette *AVBC-54HJFKA* con una capacidad frigorífica de 16 kW y una capacidad calorífica de 18 kW. Teniendo en cuenta su capacidad frigorífica se instalan 11 equipos para lograr una capacidad frigorífica total de 176 kW.

Estos equipos tienen un consumo eléctrico de 200 W, teniendo un consumo total de 2,2 kW.

6.3. Cajas de conmutación

Una caja de conmutación o de selección se utiliza para cambiar entre modos de funcionamiento o para ajustar la configuración del sistema. Esta caja de conmutación es una parte integral del sistema VRF y se utiliza para realizar diversas funciones.

Este elemento puede permitir la selección del modo de operación del sistema, como calefacción, refrigeración o modo automático adaptando el sistema a las necesidades cambiantes del entorno, también facilita el ajuste de la velocidad del ventilador en las unidades interiores, lo que afecta la distribución del aire y puede tener un impacto en el consumo de energía.

El objetivo principal por el que el sistema contará con diversas cajas de conmutación es debido a que se tienen 11 unidades interiores y es necesario que desempeñe un papel de sincronización y coordinación para lograr un rendimiento eficiente.

Se utilizan tres cajas para el presente proyecto del modelo *HCHM-N08XA*, el cual cuenta con hasta 8 puertos y capacidad de hasta 85 kW. El consumo eléctrico de cada una es de 22,4 W, teniendo un total de 67,2 W.

6.4. Recuperadores

Teniendo en cuenta que el caudal a renovar es de 4896 m^3/h, se elegirá un volumen total de recuperadores capaces de mover este caudal. Los modelos seleccionados son el recuperador *"UR-2200-EC"* (se instalarán dos de este tipo) con una capacidad de 2200 m^3/h y el modelo *"UR-1200-EC"* con una capacidad de 1200 m^3/h (se instalará uno de este tipo). De esta forma se aprovechará la energía de todo el caudal saliente para calentar o enfriar el caudal entrante procedente del exterior. La eficiencia de estos dos recuperadores según fichas técnicas es del 73,5% en el peor de los casos. Se muestran sus potencias consumidas en la *Tabla 14. Consumo de los recuperadores*

Unidades	Equipo	Potencia eléctrica absorbida (W)	Potencia eléctrica total absorbida (W)
2	UR-2200-EC	1500	3000
1	UR-1200-EC	1000	1000

Tabla 14. Consumo de los recuperadores

6.5. Refrigerante

El refrigerante recomendado por el fabricante de las bombas de calor es *R-410A*, por lo que es el utilizado en la instalación. El *R-410A* es ampliamente utilizado en sistemas de aire acondicionado y bombas de calor. Es una mezcla de dos componentes HFC (hidrofluorocarbonos): difluorometano (R-32) y pentafluoroetano (R-125). Este refrigerante ha ganado popularidad como alternativa a otros refrigerantes, especialmente al R-22, que tiene un potencial de agotamiento del ozono (ODP) significativo.

El *R-410A* no contiene cloro, lo que contribuye a la protección de la capa de ozono. En comparación, refrigerantes más antiguos, como el R-22, contenían cloro y contribuían al agotamiento del ozono. Además, este opera a presiones más altas que otros refrigerantes comunes, como el R-22. Esto significa que el sistema está diseñado y construido para soportar estas presiones más altas.

Este refrigerante es conocido por su eficiencia energética, superior a la ofrecida por el refrigerante R22, usado comúnmente de forma anterior a este.

6.6. Sistemas de transporte de fluidos caloportadores de energía

Al igual que en la mayoría de los sistemas VRF (Variable Refrigerant Volume) que utilizan el refrigerante R-410A, el material con el que están hechas las tuberías que transportan el fluido caloportador es de cobre. El cobre es un material comúnmente empleado en sistemas de aire acondicionado y refrigeración debido a sus propiedades conductivas de calor, durabilidad y resistencia a la corrosión.

Las conexiones entre las tuberías de cobre y las unidades interiores/exterior se realizan mediante accesorios como codos, tes, y válvulas de expansión. Estas conexiones deben ser selladas de manera adecuada mediante soldadura para prevenir fugas. El tubo de cobre es de 5/8" (20 mm) en las uniones a las unidades terminales y de 1" (32 mm) en las salidas de las unidades exteriores hasta las cajas de conmutación, por ser esta la recomendación del fabricante.

6.7. Extracción aseos y vestuarios

En los aseos y vestuarios se colocan ventiladores que actúan como extracción, activándose de forma simultánea con la luz, dirigiendo la salida hacia el patinillo interior disponible en el edificio y de forma próxima a la ubicación de estas instalaciones. El modelo utilizado es el mostrado en la *Tabla 15. Extracción en los aseos*, este es capaz de mover 360 m³/h.

Unidades	Equipo	Potencia elect. abs. (W)	Potencia elect. total abs. (W)
7	Ventilador CAB-160	94	658

Tabla 15. Extracción en los aseos

6.8. Sistemas de control y ahorro energético

Cada unidad terminal permite ser controlada de forma independiente al resto, eligiendo las características requeridas en cada momento y zona. De esta forma, este sistema ofrece la posibilidad de climatizar una zona independiente y de forma variable actuando sobre el volumen de refrigerante, lo que permite un gran ahorro de energía. Además, las unidades seleccionadas disponen de diversos extras como puede ser la detección de presencia y la posibilidad de programación, incidiendo ambas en la consecución de un mayor ahorro energético.

El uso del refrigerante *R-410A* también aporta una mayor eficiencia energética como se ha mencionado, y con el correcto aislamiento se minimizan las pérdidas del sistema.

7. DISEÑO DEL SISTEMA DE PRODUCCIÓN DE ACS

Se utiliza la opción de captadores solares en el desarrollo de este proyecto, pero dado que, la producción de ACS con captadores solares puede no ser suficiente en determinados casos como días fríos de invierno, se cuenta con bombas de calor como fuente secundaria.

El principal problema que presenta este sistema en la instalación de este proyecto es el espacio total, el cual es limitado y puede no ser suficiente para cubrir la demanda de ACS y de climatización. Es por ello que únicamente se ha pensado para la producción de ACS cuyas características se muestran en los siguientes apartados.

7.1. Inclinación

El sistema a diseñar se encuentra ubicado en la azotea del edificio. Para conocer la inclinación óptima de los captadores solares se recurre a la herramienta informática *"PVGIS" (Commission, s.f.)*. La ciudad de Valencia tiene una latitud aproximada de 39,47º, lo que significa que la inclinación óptima para la captura de la máxima energía solar posible se encuentra entre 30º y 40º, siendo confirmado por el *"PVGIS"* que da una inclinación óptima con la horizontal de 35º ($\beta_{óptima} = 35°$). La orientación debe ser hacia el sur puesto que se trata del hemisferio norte.

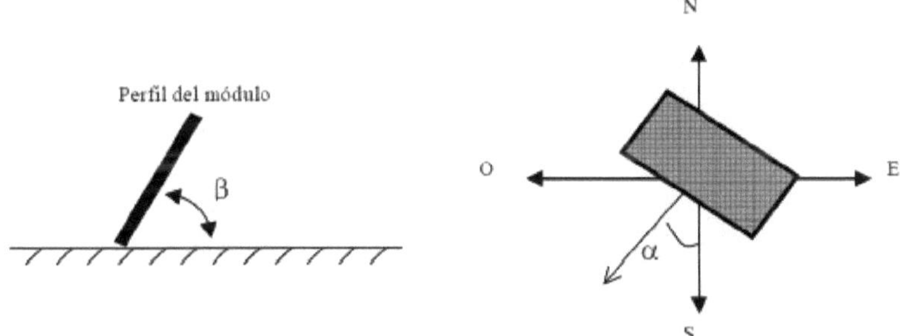

Figura 8. Inclinación y orientación de los módulos

7.2. Superficie de captación

El circuito primario de una instalación de captadores solares, es la parte del sistema que maneja el fluido térmico que circula a través de los captadores solares para recoger y transportar el calor capturado hacia el sistema de almacenamiento o intercambiador térmico.

Este circuito cuenta con captadores, bomba, válvulas de regulación, vaso de expansión, etc.

La superficie de captación depende de los requerimientos que como se ha indicado anteriormente en *Cálculo de la demanda de ACS*, es de 3570 l/día (M). A pesar de haberse hallado anteriormente la demanda anual total, en este caso se utiliza la demanda diaria en el peor caso, por ser un valor más restrictivo. La superficie (S) es hallada conociendo la fracción solar requerida (f) que es de un 60%, lo que supone un aprovechamiento superior a la mitad, valor razonable para este tipo de tecnología. La irradiación diaria media sobre el plano del captador (H_β), que se ha elegido es el valor más bajo dado anteriormente, pero convertido a MJ/día*m^2 (14,94 MJ/día*m^2). El rendimiento medio de la instalación (η), es del 34,5% al ser esta la eficiencia de los captadores planos que se muestran posteriormente. Por último, la demanda diaria media anual de energía térmica (D), que a su vez se halla con los litros necesarios, la densidad del agua (1 kg/l), el calor específico del agua (4,18 kJ/(Kg*K)), la temperatura de salida (t_c, 60°C) y la temperatura media de red (t_f), se puede obtener de nuevo del DB HE en el Anexo G *(Ministerio de transportes, s.f.)*, teniendo para Valencia una temperatura mínima de 10°C.

$$S = \frac{D \times f}{H_\beta \times \eta} \tag{4}$$

$$D = \frac{\rho \times M \times c_p \times (t_c - t_f)}{1000} \tag{5}$$

Obteniendo:

$$D = 741,7 \ \frac{MJ}{día}$$

$$S = 86,3 \ m^2$$

Los valores dados corresponden con el modelo de captador solar ***Solar Gamesa 5000 ST*** que permite la producción de ACS a baja temperatura (60°C) y se pueden conectar hasta 8 captadores en batería.

7.3.Diseño del campo de captadores

Respecto al diseño del campo de captadores, es necesario tener en cuenta que la pérdida de carga tiene que ser independiente del recorrido del fluido y de esta forma lograr que el caudal que circula por cada uno de los captadores sea similar. Para ello, se lleva a cabo la instalación equilibrada que se muestra en la *Figura 9. Distribución captadores*, de manera que la instalación en la cubierta del edificio se puede realizar teniendo en cuenta las medidas de las que se dispone. La orientación de estos paneles es hacia el sur para lograr una mayor optimización.

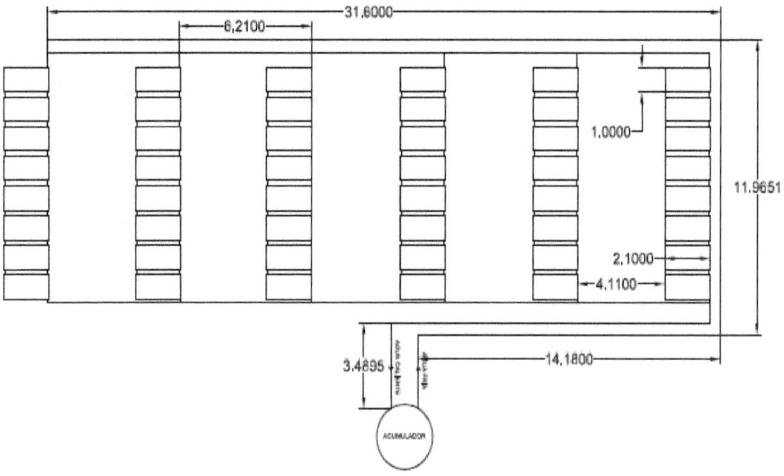

Figura 9. Distribución captadores acotado en metros

Teniendo en cuenta que es necesaria una superficie de captación de 86,3 m^2 y que la superficie de cada absorbedor es de 2,1 m^2, se necesitan un total de 42 captadores solares. El DB HE-4, por su parte, exige una contribución mínima proveniente de energías renovables del 70%. Por ello, se instalan un total de 48 captadores solares, consiguiendo una aportación del 75% y reduciendo al mínimo la aportación mediante el sistema secundario que es mediante bombas de calor.

La distancia que se debe dejar entre captadores depende de la altura solar (h$_0$) en el peor caso, para obtenerla se necesita conocer la declinación (δ) y la latitud de Valencia (lat. = 39,47º). Para obtener la declinación se utiliza el día juliano (n), en este, se va a tener una menor altura solar (21 de diciembre, que es igual al día juliano 355).

$$\delta = 23,45 \times \sin(\frac{360}{365} \times (284 + n))$$

(6)

$$\delta = -23,45º$$

Y sabiendo que la altura solar es igual a:

$$h_0 = 90 - lat. + \delta$$

(7)

$$h_0 = 27,08º$$

En la *Figura 10. Distancia entre paneles* se muestra un esquema a modo resumen de los factores indicados y que se consideran relevantes para conocer la distancia entre paneles.

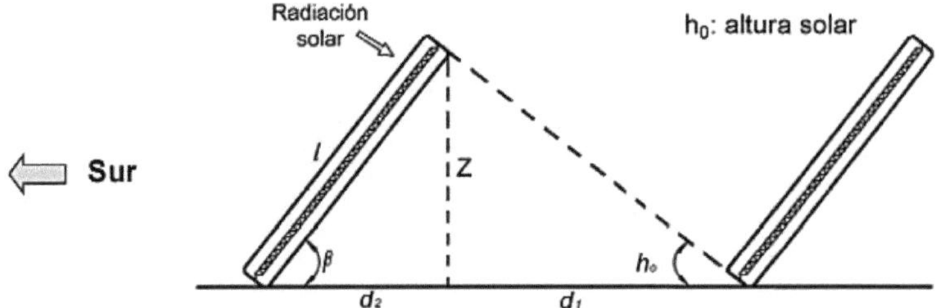

Figura 10. Distancia entre paneles

Como se puede ver en la *Figura 10. Distancia entre paneles*, la distancia necesaria es la correspondiente a $d_1 + d_2$ que aplicando trigonometría se obtiene:

$$d = d_1 + d_2 = \frac{Z}{\tan h_0} + \frac{Z}{\tan \beta} = l \times \frac{\sin \beta}{\tan h_0} + l \times \frac{\sin \beta}{\tan \beta}$$

(8)

$$d = 4,11 \; metros$$

7.4. Esquema circuito primario

Una vez se conoce la distancia entre captadores, el número, la orientación, la inclinación y la distribución, es necesario describir el sistema de una forma más técnica.

7.5. Fluido caloportador

El fluido caloportador es agua, pero para evitar posibles problemas por congelación, se mezcla con un anticongelante, el propilenglicol. El porcentaje de la mezcla viene dado por la temperatura mínima de la ciudad de Valencia con un margen de seguridad.

En Valencia la temperatura mínima anual se encuentra en -5,3°C *(SwissMade, s.f.)*. Cogiendo un margen de seguridad de 5°C, la temperatura mínima se encuentra en -10,3°C. Con esta temperatura se puede entrar en la *Figura 11. Mezcla agua-propilenglicol,* que relaciona la concentración en peso y la temperatura de congelación de una mezcla agua-propilenglicol. Así se obtiene una mezcla del 26% de propilenglicol

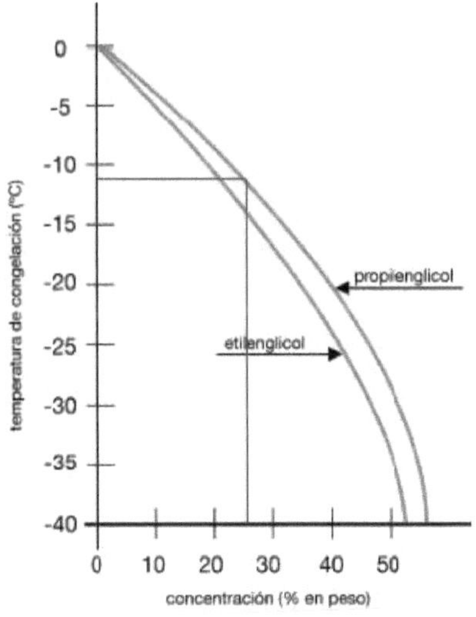

Figura 11. Mezcla agua-propilenglicol

Con este porcentaje de anticongelante y conociendo la temperatura de impulsión (60°C) se puede hallar la viscosidad de la mezcla, obteniendo un valor de 0,82cps de acuerdo a la *Figura 12. Viscosidad agua-propilenglicol*

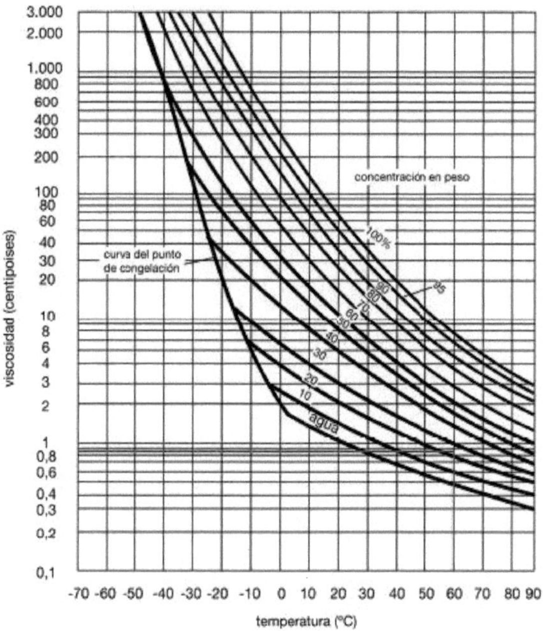

Figura 12. Viscosidad agua-propilenglicol

7.6. Sistema de acumulación

Un depósito de acumulación es un componente clave en un sistema de captadores solares térmicos. Su función principal es almacenar el fluido caloportador calentado por los captadores solares durante los periodos en que la demanda de calor es menor que la capacidad de los captadores para recolectar energía solar. La capacidad del depósito de acumulación debe ser lo suficientemente grande para satisfacer la demanda de calor durante los periodos sin radiación solar. Para ello se establece un valor de 6000 litros, para así cumplir con el ratio entre volumen de acumulación y área de captadores definido en la *Ecuación (9)*, estando este en el rango de 50 litros/m^2 a 180 litros/m^2:

$$50 < \frac{Volumen\ acumulación}{\acute{A}rea\ de\ captadores} < 180 \qquad (\,9\,)$$

$$\frac{Volumen\ acumulación}{\acute{A}rea\ de\ captadores} = \frac{6000\ l}{100,8\ m^2} = 59,52\ \frac{l}{m^2}$$

El depósito debe estar bien aislado térmicamente para minimizar las pérdidas de calor y mantener la temperatura del fluido almacenado durante el mayor tiempo posible. Es por ello que el modelo seleccionado cuenta con un aislamiento térmico sobredimensionado en PU rígido inyectado en molde, que mantiene la temperatura de acumulación del ACS durante largos periodos de tiempo. En su interior dispone de un serpentín como componente intercambiador de calor.

Se utiliza para esta instalación el modelo "*MASTER INOX*" de 6000 litros del fabricante "*Lapesa*".

7.7. Disposición de captadores

Se dispone de un total de 48 captadores solares para cumplir los requerimientos normativos, en cuanto a contribución mínima renovable, y a su vez maximizar la producción, lo que hace un total de 100,8 m² de instalación. Para conocer la capacidad de otros componentes como pueden ser sistemas de bombeo, es necesario conocer los caudales necesarios y las pérdidas de carga que se tienen en la instalación. Para ello, la disposición mostrada en la *Figura 9. Distribución captadores* se divide en diversos tramos tal y como se indica en la *Figura 13. Tramos campo captadores solares*. Como algunos tramos son similares entre ellos (por ejemplo, el tramo 2-3 y el tramo 8-9), no se muestran los caudales ni pérdidas de cargas en los puntos posteriores, pero se tienen en cuenta a la hora de hallar los totales.

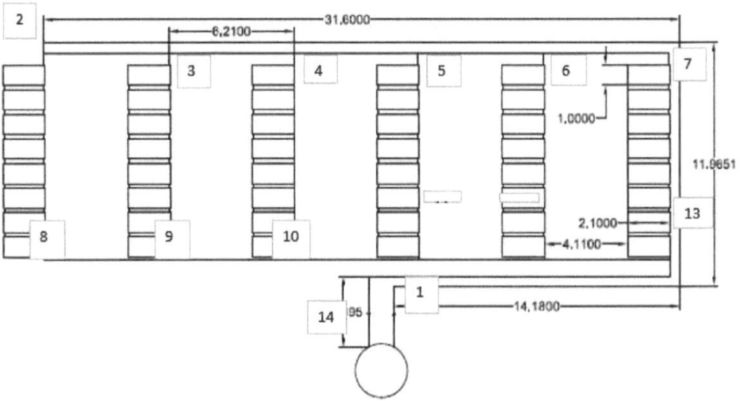

Figura 13. Tramos campo captadores solares acotado en metros

Conociendo el caudal por captador recomendado por el fabricante, se pueden conocer los caudales totales de cada uno de los tramos que se indican en la *Tabla 16. Caudal en los diferentes tramos*

CAUDAL POR CAPTADOR (RECOMENDADO)	50	litros /h
CAUDAL TRAMO 1-2	2400	litros /h
CAUDAL TRAMO 2-3	2000	litros /h
CAUDAL TRAMO 3-4	1600	litros /h
CAUDAL TRAMO 4-5	1200	litros /h
CAUDAL TRAMO 5-6	800	litros /h
CAUDAL TRAMO 6-7	400	litros /h
CAUDAL TRAMO 2-8	400	litros /h
CAUDAL TRAMO 3-9	400	litros /h
CAUDAL TRAMO 4-10	400	litros /h
CAUDAL TRAMO 5-11	400	litros /h
CAUDAL TRAMO 6-12	400	litros /h
CAUDAL TRAMO 7-13	400	litros /h
CAUDAL TRAMO 13-14	2400	litros /h

Tabla 16. Caudal en los diferentes tramos

7.8. Diámetros de las tuberías y pérdidas de carga

El circuito primario tiene una longitud total de 110,05 metros y cada uno de los tramos tiene un caudal distinto. Sabiendo que la velocidad debe estar comprendida entre 0,5 m/s y 2 m/s según el DB HS-4 apartado "*4.2.1. Dimensionado de los tramos*" y conociendo el caudal de cada tramo se puede hallar el diámetro de las tuberías a través de la *Ecuación (10)*. Puesto que el diámetro es inversamente proporcional a la velocidad, se cogen los diámetros comerciales inmediatamente superiores al valor obtenido, teniendo en cuenta que la velocidad buscada es de 1 m/s (valor en el rango permitido).

$$D = \sqrt{\frac{4 \times Q}{v \times \pi}}$$

$$(10)$$

Aplicando la *Ecuación (10)* se obtienen los diámetros mostrados en la *Tabla 17. Diámetros de las tuberías en los diferentes tramos:*

DIÁMETRO TRAMO 1-2	29,13	32,00	mm
DIÁMETRO TRAMO 2-3	26,60	32,00	mm
DIÁMETRO TRAMO 3-4	23,79	25,00	mm
DIÁMETRO TRAMO 4-5	20,60	25,00	mm
DIÁMETRO TRAMO 5-6	16,82	20,00	mm
DIÁMETRO TRAMO 6-7	11,89	16,00	mm
DIÁMETRO TRAMO 2-8	11,89	16,00	mm
DIÁMETRO TRAMO 3-9	11,89	16,00	mm
DIÁMETRO TRAMO 4-10	11,89	16,00	mm
DIÁMETRO TRAMO 5-11	11,89	16,00	mm
DIÁMETRO TRAMO 6-12	11,89	16,00	mm
DIÁMETRO TRAMO 7-13	11,89	16,00	mm
DIÁMETRO TRAMO 13-14	29,13	32,00	mm

Tabla 17. Diámetros de las tuberías en los diferentes tramos

Una vez se conocen los diámetros, es posible conocer la pérdida de carga de cada tramo con la ayuda del gráfico mostrado en la *Figura 14. Pérdida de carga en tuberías por rozamiento* que relaciona el caudal, la velocidad, el diámetro y la pérdida por rozamiento.

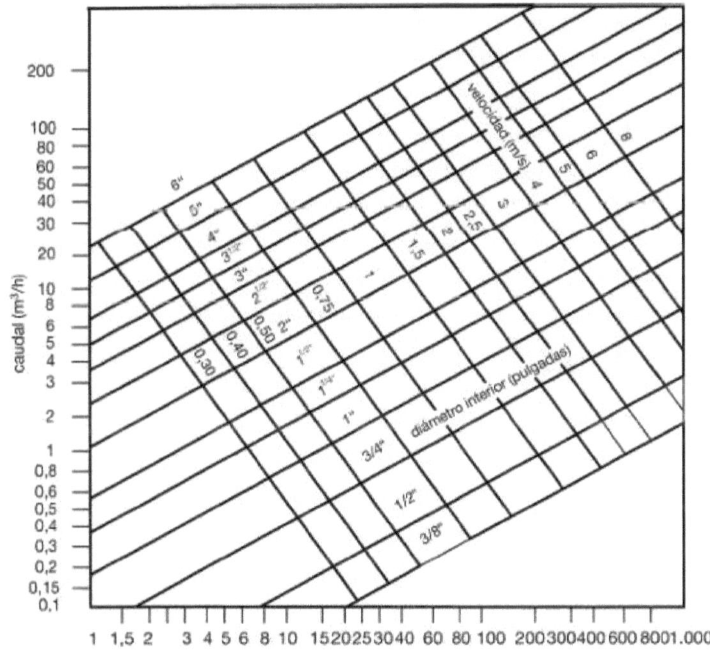

Figura 14. Pérdida de carga en tuberías por rozamiento

En la *Tabla 18. Pérdidas de carga por tramo*. Se muestran las pérdidas de carga obtenidas en cada tramo.

PERDIDA DE CARGA UNITARIA 1-2 (GRÁFICO)	23	mmca/m
PERDIDA DE CARGA UNITARIA 2-3 (GRÁFICO)	17	mmca/m
PERDIDA DE CARGA UNITARIA 3-4 (GRÁFICO)	33	mmca/m
PERDIDA DE CARGA UNITARIA 4-5 (GRÁFICO)	23	mmca/m
PERDIDA DE CARGA UNITARIA 5-6 (GRÁFICO)	31	mmca/m
PERDIDA DE CARGA UNITARIA 6-7 (GRÁFICO)	27	mmca/m
PERDIDA DE CARGA UNITARIA 2-8 (GRÁFICO)	27	mmca/m
PERDIDA DE CARGA UNITARIA 3-9 (GRÁFICO)	27	mmca/m
PERDIDA DE CARGA UNITARIA 4-10 (GRÁFICO)	27	mmca/m
PERDIDA DE CARGA UNITARIA 5-11 (GRÁFICO)	27	mmca/m
PERDIDA DE CARGA UNITARIA 6-12 (GRÁFICO)	27	mmca/m
PERDIDA DE CARGA UNITARIA 7-13 (GRÁFICO)	27	mmca/m
PERDIDA DE CARGA UNITARIA 13-14 (GRÁFICO)	23	mmca/m

Tabla 18. Pérdidas de carga por tramo

Las pérdidas de carga también dependen de los factores de corrección k_1 y k_2. En función de la temperatura del agua y a partir de la *Tabla 19. Factor corrector k1* se obtiene el factor de corrección k_1

Temp. del agua (°C)	5	10	20	40	45	50	60	80	90	95
Factor corrector	1.24	1.18	1.09	1.02	1.00	0.99	0.96	0.92	0.91	0.91

Tabla 19. Factor corrector k_1

El factor de corrección k_2, se obtiene a su vez mediante la *Ecuación (11)*.

$$k_2 = \sqrt[4]{\frac{viscosidad\ de\ la\ mezcla}{viscosidad\ del\ agua}} \tag{11}$$

Aplicando el valor de k_1 (0,96), de k_2 (0,95) en la *Ecuación (12)* y teniendo en cuenta los metros de cada tramo, se obtienen los valores reales de pérdidas de carga que se muestran en la *Tabla 20. Pérdidas de carga aplicando los factores de corrección*

$$P_{carga} = P_{carga(gráfico)} \times k_1 \times k_2 \tag{12}$$

PERDIDA DE CARGA UNITARIA CORREGIDA 1-2 (mmca/m)	21,01	1281,69
PERDIDA DE CARGA UNITARIA CORREGIDA 2-3 (mmca/m)	15,53	96,44
PERDIDA DE CARGA UNITARIA CORREGIDA 3-4 (mmca/m)	30,15	187,21
PERDIDA DE CARGA UNITARIA CORREGIDA 4-5 (mmca/m)	21,01	130,48
PERDIDA DE CARGA UNITARIA CORREGIDA 5-6 (mmca/m)	28,32	175,86
PERDIDA DE CARGA UNITARIA CORREGIDA 6-7 (mmca/m)	24,67	153,17
PERDIDA DE CARGA UNITARIA CORREGIDA 2-8 (mmca/m)	24,67	despreciable
PERDIDA DE CARGA UNITARIA CORREGIDA 3-9 (mmca/m)	24,67	despreciable
PERDIDA DE CARGA UNITARIA CORREGIDA 4-10 (mmca/m)	24,67	despreciable
PERDIDA DE CARGA UNITARIA CORREGIDA 5-11 (mmca/m)	24,67	despreciable
PERDIDA DE CARGA UNITARIA CORREGIDA 6-12 (mmca/m)	24,67	despreciable
PERDIDA DE CARGA UNITARIA CORREGIDA 7-13 (mmca/m)	24,67	despreciable
PERDIDA DE CARGA UNITARIA CORREGIDA 13-14 (mmca/m)	21,01	378,20
PERDIDA DE CARGA LONGITUD EQUIVALENTE TOTAL		2403,06

Tabla 20. Pérdidas de carga aplicando los factores de corrección

Aquellos tramos indicados en la tabla como "despreciables" se caracterizan por ser tramos de tubería muy cortos, ya que la longitud de tubería se corresponde únicamente a la que se utiliza para conexionar los captadores de una fila. Se consideran, por tanto, como despreciables ya que no influyen en el resultado final. Debido al uso de accesorios como codos, tes y reducciones, que son elementos donde se sufre una mayor pérdida, también se añade un 40% del valor total de las pérdidas debidas al rozamiento en las tuberías, teniendo un total de 961,22 mmca.

Los captadores solares también introducen una pérdida de carga que es necesario tener en cuenta y que, viene indicada por el fabricante. En este caso tiene un valor de 10,5 mmca/captador, por lo que, contando con un total de 48 captadores, la pérdida de carga final es de 504 mmca.

Finalmente, la suma de todas las pérdidas de carga tiene un valor de 3868mmca, que se tienen en cuenta a la hora de elegir la bomba de circulación del circuito primario.

7.9. Bomba de circulación del circuito primario

La bomba de circulación en el circuito primario de un sistema de captadores solares térmicos es un componente clave que se utiliza para hacer circular el fluido térmico a través del colector solar y transferir la energía térmica capturada hacia el sistema de almacenamiento o intercambiador de calor.

Este movimiento del fluido permite que el sistema capture la energía solar incidente y la transfiera al fluido como energía térmica. La circulación adecuada del fluido es esencial para garantizar una transferencia eficiente de calor desde los captadores solares hasta el sistema de almacenamiento. Una circulación inadecuada puede provocar el sobrecalentamiento de los colectores solares o la falta de transferencia de calor al sistema, lo que afectaría negativamente la eficiencia del sistema. Debido a ello, a la hora de elegir la bomba de recirculación se tienen en cuenta el caudal necesario (2400 m³/h), junto con un margen de seguridad del 20% así como las pérdidas de carga (3868 mmca) junto con un margen de seguridad similar. La bomba se encuentra en la cubierta y no hay diferencias de alturas en el circuito por lo que la caída de presión que se tiene en cuenta es únicamente la debida a las pérdidas de carga.

La bomba seleccionada que cumple con todos los requerimientos es el modelo SB-150 XL de la cual se muestran sus curvas de funcionamiento en la *Figura 15. Curva funcionamiento bomba recirculación*. La primera curva se corresponde con un régimen de giro de 2400 rpm y la segunda a un régimen de giro de 2800 rpm. Se utiliza esta bomba a un régimen de 2400 rpm pudiendo obtener hasta 3800 l/h de caudal con unas pérdidas de carga de 5000 mmca, teniendo en cuenta en ambos valores el margen de seguridad del 20%. El consumo eléctrico en estas condiciones es de 295 W.

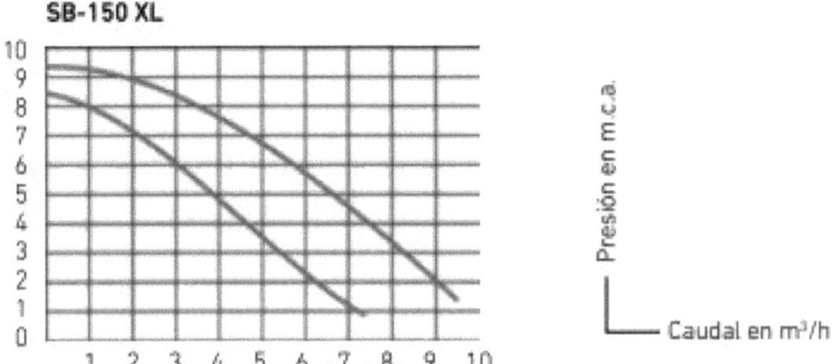

Figura 15. Curva funcionamiento bomba recirculación

7.10. Vaso de expansión

El vaso de expansión es otro componente importante en un sistema solar térmico, cuya función principal es manejar las variaciones de volumen del fluido térmico debido a los cambios de temperatura. El vaso de expansión se utiliza para compensar estos cambios volumétricos, evitando así la acumulación de presión excesiva en el sistema. Previene el alcanzar niveles peligrosos de presión en el sistema solar al proporcionar un espacio adicional para la expansión del fluido térmico cuando se calienta y su contracción cuando se enfría, manteniendo una presión constante y segura en el sistema, contribuyendo así a la integridad y durabilidad de los componentes.

Para seleccionar correctamente el modelo a utilizar hay que conocer la capacidad y la presión de trabajo. La capacidad se puede hallar con la *Ecuación (13)* considerando las tuberías como un cilindro.

$$V = \frac{\pi}{4} \times D^2 \times L$$

(13)

Siendo:

V = volumen en litros

D = diámetro de la tubería en metros

L = longitud del tramo de tubería en metros

Teniendo en cuenta las longitudes y diámetros de las tuberías en cada tramo, se obtiene un volumen total en las tuberías de 74,08 l. Los captadores solares tienen una capacidad de 1,85 l cada uno, por lo que teniendo en cuenta que se tienen 48 captadores, el volumen total es de 88,8 l. Sumando estos dos valores se obtiene un volumen V = 162,9 l.

Además de estos volúmenes, es necesario conocer el volumen de total de líquido susceptible de ser evaporado (V_{vap}), que es igual al volumen total de los captadores más un tramo de 30 metros de tubería en concepto de interconexiones, lo que da un volumen de 112,93 l.

Estos valores calculados anteriormente se utilizan en la *Ecuación (14)*, la cual indica el volumen total necesario.

$$V_t = (V \times C_e + V_{vap} \times 1,1) \times C_{pre}$$

(14)

Siendo C_e el coeficiente de expansión que según la UNE100.155-2004 se rige por la *Ecuación (15)*, con t como la temperatura máxima de la mezcla del circuito (tiene un valor de 114°C pues es la temperatura de estancamiento de los captadores) y G el porcentaje de propilenglicol en el circuito.

$$C_e = 10^{-6} \times (3{,}24 \times t^2 + 102{,}13 \times t - 2708{,}3) \times a \times (1{,}8 \times t + 32)^b \qquad (15)$$

$$a = -0{,}0134 \times (G^2 - 143{,}8 \times G + 1918{,}2) \qquad (16)$$

$$b = 3{,}5 \times 10^{-4} \times (G^2 - 94{,}57 \times G + 500) \qquad (17)$$

Y C_{pre} el coeficiente de presión que se halla con la *Ecuación (18)*

$$C_{pre} = \frac{P_{max} + 1}{P_{max} - P_{min}} \qquad (18)$$

$$P_{min} = P_{estática} + 0{,}5bar \qquad (19)$$

$$P_{max} = P_{vs} - 0{,}3bar \qquad (20)$$

En la *Tabla 21. Resultados cálculos vaso de expansión* se muestra un resumen de todos los valores obtenidos y el volumen total del vaso de expansión, que para ajustarse al volumen comercial se selecciona uno de 200 l. Más concretamente se selecciona el vaso de expansión de *"Imera"* con membrana intercambiable. La presión de la válvula de seguridad (P_{vs}) es de 6 bar, pues es la máxima presión de trabajo de los captadores.

$P_{min}=$	0,5	bar
$P_{max}=$	5,7	bar
$C_{pre}=$	1,2885	
% GLICOL	26,00	%
$T=$	114	(°C)
$a=$	15,34	
$b=$ -	0,45	
$C_e=$	0,06719	
$V=$	162,9	LITROS
$V_{vap}=$	112,9	LITROS
$V_t=$	174,2	LITROS

Tabla 21. Resultados cálculos vaso de expansión

7.11. Circuito secundario

Este circuito es el de consumo, es el que está compuesto por la tubería que sale a la distribución desde el depósito de almacenamiento. Contando con una bajada de 5 forjados hasta llegar a la planta baja y una altura de 3 metros por forjado se tiene un total de 15 metros de bajada. A este valor, habría que sumar la salida desde el depósito de acumulación hasta el patinillo de bajada y la llegada a los vestuarios del gimnasio, haciendo un total de 40 metros de tubería.

El circuito secundario está impulsado por una bomba de circulación del mismo fabricante que la del circuito primario, pero con distintas características. En este caso, se tiene en cuenta que las pérdidas de carga son despreciables por venir el agua desde cubierta a la planta baja y que el caudal necesario es de 3.570 l/día, por lo que la bomba del modelo SB-5 Y es suficiente, de la cual se muestran sus características en la *Figura 16. Características bomba secundario.*

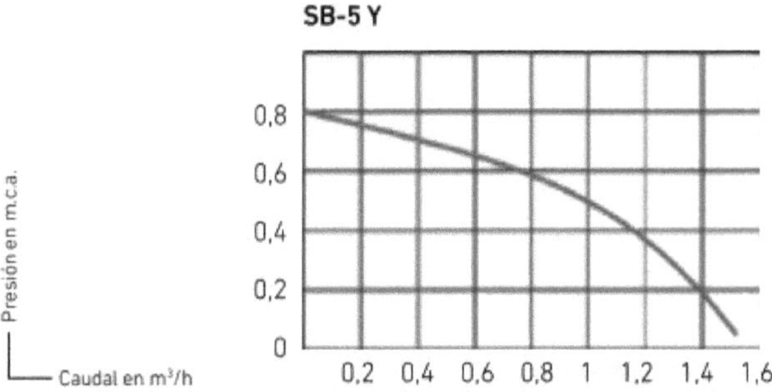

Figura 16. Características bomba secundario

Para la alimentación de agua fría al sistema, se dispone de una toma de agua fría en la cubierta. Únicamente se conecta al depósito de acumulación y a la válvula de tres vías para regular la temperatura de salida, la cual se monitoriza con sondas de temperatura.

El sistema secundario cuenta con tres salidas, una para los vestuarios masculinos, otra para los vestuarios femeninos y otra para usos varios, que incluyen los grifos de toda la instalación. Asimismo, se cuenta con un sistema de recirculación ya que las salidas se encuentran a más de 15 metros de la producción y se evita así el gasto de agua innecesario. Las salidas de agua son de 32 mm y la recirculación de 25 mm, ambos diámetros aseguran el caudal necesario, permitiendo el uso simultáneo de todas las duchas y admitiendo un caudal de hasta 2.900 l/h.

7.12. Aislamiento

El aislamiento en las tuberías de ACS ayuda a reducir las pérdidas de calor durante el transporte del agua caliente desde el sistema de calentamiento hasta los puntos de uso. Esto ayuda a conservar la energía, reduce los costos operativos y mejora la eficiencia del sistema. Las tuberías sin aislamiento pueden perder calor al ambiente circundante. El aislamiento actúa como una barrera térmica, evitando que el calor se disipe y manteniendo el agua caliente a la temperatura deseada, además, cuando las tuberías de ACS transportan agua caliente, el contacto con superficies más frías puede llevar a la condensación. El aislamiento ayuda a prevenir la condensación al mantener las tuberías a una temperatura más constante.

Para establecer el espesor del aislamiento necesario se recurre a la *"Tabla 1.2.4.2 del RITE" (Estado, 2021)* que se muestra en la *Tabla 22. Espesores mínimos de aislamiento (mm) de tuberías y accesorios*, a partir de la cual se obtiene un espesor de aislante de 40 mm en todas las tuberías y accesorios. El aislante es de espuma de polietileno.

Diámetro exterior (mm)	Aislamiento de tuberías para ACS	
	Interior	Exterior
D ≤ 35	30	40
35 < D ≤ 60	35	45
60 < D ≤ 90	35	45
90 < D ≤ 140	45	55
140 < D	45	55»

Tabla 22. Espesores mínimos de aislamiento (mm) de tuberías y accesorios

7.13. Sistema de apoyo

Como sistema de apoyo se recurre de nuevo a la demanda diaria de ACS que es de 3570 l/día y, aplicando la *Ecuación (21)*, se obtiene la potencia calorífica necesaria para alcanzar este caudal.

$$Potencia\ (kW) =$$

$$(Caudal\ (\frac{m^3}{s}) \times Densidad\ (\frac{kg}{m^3}) \times Calor\ específico\ (\frac{kJ}{kg \times C}) \times Dif.T) \qquad (21)$$

Siendo:

- Potencia: La potencia calorífica necesaria en kW
- Caudal: El caudal requerido en m³/s
- Densidad: La densidad del agua que es de 1000 kg/m³
- Calor específico: El calor específico del agua que es de 4,1815 kJ/kg°C
- Dif. T: La diferencia de temperatura entre la entrada y la salida, que será de 50°C (de 10°C de red a 60°C de consumo)

Con la *Ecuación (21)* se haya un valor de potencia de 8,64 kW o superior, por ello se recurre a la instalación de tres bombas de calor en paralelo del modelo *"WATERNOX HP 300"* capaces de suministrar una potencia de 3 kW cada una, con la ayuda de una resistencia eléctrica en caso de ser necesario. Se ha obtenido la potencia de las bombas de calor contando con el mayor salto de temperatura y las peores condiciones climatológicas, recurriendo de nuevo a la *Ecuación (21)*.

7.14. CHEQ4

Los resultados anteriores se comprueban con el programa informático CHEQ4, una herramienta de apoyo de una versión del DB HE-4 que ya no está vigente pero que sirve para asegurar que los parámetros calculados coinciden con los requerimientos de demanda. Se muestra el gráfico emitido por esta aplicación y un resumen en la *Tabla 23. Resultados CHEQ4*. Se adjunta además el informe final en *ANEXO II. Informe CHEQ4*

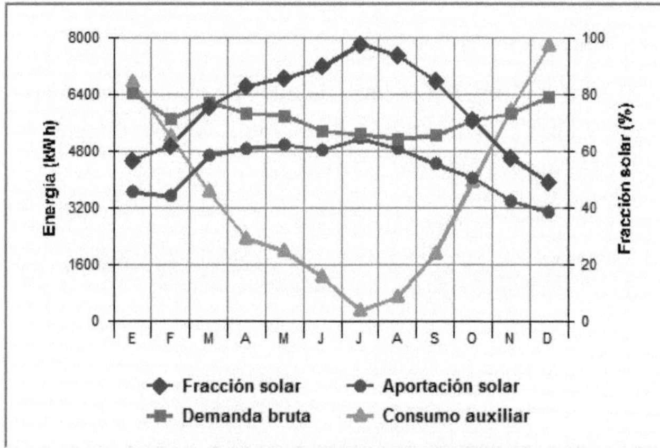

Figura 17. Resultados CHEQ4

Fracción Solar (%)	Demanda neta (kWh)	Demanda bruta (kWh)	Aporte solar (kWh)	Cons. auxiliar (kWh)	Reducción CO2 (kg)
75	68.681	69.058	51.668	41.788	18.446

Tabla 23. Resultados CHEQ4

8. MEDIDAS DE EFICIENCIA ENERGÉTICA

La eficiencia energética en la instalación de climatización y producción de ACS se mejora mediante diversas medidas que se pueden agrupar como se muestra a continuación:

Selección de fuentes energéticas

1. Integración de energías renovables: Se han integrado energías renovables, como la energía solar térmica del campo de captadores, en el sistema de producción de ACS. Esto reduce la carga en las bombas de calor y disminuye la dependencia de fuentes de energía convencionales.

Selección de tecnologías y materiales eficientes

2. Bombas de calor eficientes: Las bombas de calor utilizadas en el sistema VRF son eficientes energéticamente y cumplen con las normativas de eficiencia. Estas bombas de calor son de última generación y tienen coeficientes de rendimiento (COP) más altos, lo que significa que producen más calor por cada unidad de energía consumida.
3. Sistema de recuperación de calor: Se han implementado sistemas de recuperación de calor en la ventilación para aprovechar el calor residual.
4. Sensores de temperatura: Se han instalado sensores de temperatura en áreas clave para medir y controlar la temperatura de manera más precisa.
5. Aislamiento térmico: El aislamiento térmico indicado y utilizado asegura que las tuberías y los equipos estén adecuadamente aislados para minimizar las pérdidas de calor en el sistema de producción de ACS.
6. Sistema VRF: El sistema VRF está configurado y ajustado correctamente para adaptarse a las condiciones cambiantes de carga térmica. Utiliza controladores de última generación y software de gestión para optimizar el rendimiento del sistema.

Automatización y control

7. Optimización de horarios de funcionamiento: Se ajustan los horarios de funcionamiento del sistema de climatización y producción de ACS de acuerdo con los horarios de ocupación de los espacios. No es

necesario mantener temperaturas ideales cuando los espacios no están en uso.

8. Control y automatización inteligente: Se han implementado sistemas de control avanzados y automatización para adaptar la operación del sistema a las condiciones reales de carga. La programación inteligente y la automatización minimizan el tiempo de funcionamiento innecesario y reducen el consumo de energía.

Mantenimiento adecuado

9. Mantenimiento regular: Se lleva a cabo un programa de mantenimientos regulares para limpiar y verificar los componentes clave del sistema VRF, como los intercambiadores de calor, los compresores y los filtros de aire. Un mantenimiento adecuado garantiza un rendimiento eficiente y prolonga la vida útil del equipo.

10. Limpieza regular de captadores: Como parte del mantenimiento realizado, se lleva a cabo una limpieza regular del campo de captadores para no perder rendimiento.

9. ANÁLISIS DE RESULTADOS

9.1. Evaluación de la demanda energética

En este apartado, se lleva a cabo un estudio de la demanda energética en el caso en que se dan las peores condiciones climatológicas, es decir, si se consume la mayor cantidad de energía de la red, estudiando por separado la parte de climatización y la parte de producción de ACS.

Para el caso de ACS, esta situación se produce cuando la radiación solar tiene un valor nulo, es decir, no se puede producir agua caliente sanitaria con el campo de captadores solares y toda la energía se debe producir por las bombas de calor con la ayuda de las resistencias eléctricas.

Para el caso de climatización, este escenario se da para la tarde más calurosa de verano, contando así con la mayor temperatura exterior, haciendo coincidir este momento con el horario donde hay más afluencia de personas, que es a las 12:00h

<u>*Climatización:*</u>

Teniendo en cuenta que la carga necesaria en el peor momento es de 157 kW, que corresponden con 33,99 kW absorbidos (EER = 4,62) para climatización, se realiza una comparación y aproximación en función de la afluencia de personas, la carga aportada por equipos, luces y resto de parámetros indicados en el apartado de *Estudio de cargas* . Respecto a la afluencia de personas que es un valor que fluctúa, se muestra en la *Tabla 24. Afluencia por horas* un resumen del porcentaje de ocupación. El resto de valores se cogen para la peor situación, que sería en refrigeración y a las 15:00h en el día más caluroso. Se tiene en cuenta el horario de apertura durante 14 horas.

Valores horarios de afluencia (%)
Hora 8: 50
Hora 9: 75
Hora 10: 90
Hora 11: 100
Hora 12: 100
Hora 13: 90
Hora 14: 25
Hora 15: 40
Hora 16: 50
Hora 17: 75
Hora 18: 100
Hora 19: 100
Hora 20: 80
Hora 21: 60

Tabla 24. Afluencia por horas

Con las consideraciones aportadas se muestra un resumen en la *Tabla 25. Consumos de climatización,* donde se indica por un lado la potencia aportada por cada factor existente y el porcentaje que supone dependiendo de la hora, en este caso únicamente varía el porcentaje de ocupantes, pues los otros son valores fijos y por ello siempre tienen un valor del 100%. Se obtiene un valor de 1876,5 kWh en climatización para el día de estudio, que teniendo en cuenta el EER se traduce en 406,16 kWh eléctricos absorbidos.

	Ocupantes	Luces	Equipos	Cerramientos	Huecos	Mayoración
POTENCIA (kW)	88,28	3,21	4,26	20,9	32,92	7,48
Hora 8:00	50%	100%	100%	100%	100%	100%
Hora 9:00	75%	100%	100%	100%	100%	100%
Hora 10:00	90%	100%	100%	100%	100%	100%
Hora 11:00	100%	100%	100%	100%	100%	100%
Hora 12:00	100%	100%	100%	100%	100%	100%
Hora 13:00	90%	100%	100%	100%	100%	100%
Hora 14:00	25%	100%	100%	100%	100%	100%
Hora 15:00	40%	100%	100%	100%	100%	100%
Hora 16:00	50%	100%	100%	100%	100%	100%
Hora 17:00	75%	100%	100%	100%	100%	100%
Hora 18:00	100%	100%	100%	100%	100%	100%
Hora 19:00	100%	100%	100%	100%	100%	100%
Hora 20:00	80%	100%	100%	100%	100%	100%
Hora 21:00	60%	100%	100%	100%	100%	100%
TOTAL (kWh)	913,698	44,94	59,64	292,6	460,88	104,72

Tabla 25. Consumos de climatización para el día más caluroso

Al valor de climatización hay que sumarle el consumo de los cassettes (2,2 kW), las cajas de conmutación (64,2 W), recuperadores (4 kW) y extractores (658 W), los cuales se obtienen en función de la afluencia al gimnasio. Se muestra en la *Tabla 26. Consumos auxiliares de climatización* un resumen de estos valores, teniendo un total de consumo de elementos auxiliares de 71,65 kWh.

	Cassettes	Cajas de conmutación	Recuperadores	Extractores
POTENCIA (kW)	2,2	0,0642	4	0,658
Hora 8	50%	50%	50%	50%
Hora 9	75%	75%	75%	75%
Hora 10	90%	90%	90%	90%
Hora 11	100%	100%	100%	100%
Hora 12	100%	100%	100%	100%
Hora 13	90%	90%	90%	90%
Hora 14	25%	25%	25%	25%
Hora 15	40%	40%	40%	40%

Hora 16	50%	50%	50%	50%
Hora 17	75%	75%	75%	75%
Hora 18	100%	100%	100%	100%
Hora 19	100%	100%	100%	100%
Hora 20	80%	80%	80%	80%
Hora 21	60%	60%	60%	60%
TOTAL (kWh)	22,77	0,66447	41,4	6,8103

Tabla 26. Consumos auxiliares de climatización para el días más caluroso

El valor final total de consumo eléctrico en el día más caluroso con una mayor afluencia para la parte de climatización es de 477,82 kWh. Si se estudia de forma mensual se tiene un valor de 14334,6 kWh.

Producción de ACS:

Este caso es más simple por disponer de la demanda diaria. Para la producción de ACS se necesitan 3570 l/día de agua a una temperatura de 60°C, que se alcanzan contando con las tres bombas de calor para su producción. Estas bombas de calor, tienen una potencia eléctrica absorbida de 2,6 kW cada una en las peores condiciones y son capaces de proporcionar una potencia eléctrica total de 9kW, es decir, 3741 l/día entre las tres. Con estos datos se puede obtener el consumo eléctrico de las tres bombas que es de 187,2 kWh, realizando la producción de forma completa con las bombas de calor. De nuevo, contando con un valor mensual se tienen 5616 kWh.

9.2. Evaluación del impacto ambiental

Puesto que el presente proyecto se ha basado en el desarrollo sostenible y en causar el menor daño ambiental posible, se lleva a cabo un estudio del impacto final producido. El factor que indica este impacto son los gCO_2/kWh.

Se realiza un estudio de las emisiones de CO_2 producidas por kWh consumido, que, aunque no es un valor fijo, se puede obtener una aproximación. El dato más reciente y fiable encontrado pertenece a la Generalitat Valenciana, que estima un impacto de $0,113 kgCO_2/kWh$ en el año 2020 *(Valenciana, 2020)*

Con la potencia total absorbida expresada en el apartado anterior y que tiene un valor de 665,02kWh para el peor día, se obtiene un total de 75,14kgCO$_2$/día, lo que es un total de 2254,42kgCO$_2$/mes.

10.CONCLUSIONES

El proyecto de climatización y producción de ACS presenta un compromiso significativo con el desarrollo sostenible y la producción de energía con métodos renovables o de alta eficiencia, teniendo un gran aprovechamiento de la energía. De esta forma se logra una reducción significativa en las emisiones de gases de efecto invernadero y en la dependencia de recursos no renovables.

La tecnología VRF es una tecnología altamente utilizada en la actualidad dado que optimiza el consumo de energía de una forma sencilla. Además, la combinación de captadores solares y bombas de calor para la producción de ACS aprovecha la energía solar, una fuente limpia y abundante, ayudando también a cumplir con la normativa vigente.

A lo largo de este trabajo, han quedado perfectamente definidas, mediante los diversos documentos del proyecto, las instalaciones de climatización y ACS del centro, siendo posible su ejecución.

Este enfoque sostenible no solo beneficia al medio ambiente al reducir la huella de carbono, sino que también puede generar ahorros económicos a largo plazo, al disminuir los costos asociados con la energía convencional. Además, el proyecto destaca la importancia de adoptar soluciones energéticas responsables en el diseño y construcción de edificaciones, contribuyendo así a la ejecución de comunidades más resistentes y sostenibles. En resumen, este proyecto refleja un paso crucial hacia un futuro más sostenible.

11.BIBLIOGRAFÍA

BIBLIOGRAFÍA

AEMET. (s.f.). *Agencia Estatal de Meteorología* . Obtenido de https://www.aemet.es/es/portada y consultado en noviembre de 2023

Asociación Técnica Española de Climatización y Refrigeración, A. (s.f.). *Condiciones climáticas exteriores de proyecto.* y consultado en diciembre de 2023

BOE. (s.f.). *Agencia Estatal Boletín Oficial del Estado.* Obtenido de https://www.boe.es/buscar/ayudas/legislacion_ayuda.php y consultado en noviembre de 2023

CLIMATE-DATA.ORG. (2021). *es.climate-data.org.* Obtenido de https://es.climate-data.org/europe/espana/comunidad-valenciana/valencia-845/#climate-graph y consultado en noviembre de 2023

Commission, E. (s.f.). *PHOTOVOLTAIC GEOGRAPHICAL INFORMATION SYSTEM.* Obtenido de PHOTOVOLTAIC GEOGRAPHICAL INFORMATION SYSTEM: https://re.jrc.ec.europa.eu/pvg_tools/es/ y consultado en diciembre de 2023

DOGV. (s.f.). *Diari Oficial de la Generalitat Valenciana.* Obtenido de https://dogv.gva.es/es y consultado en noviembre de 2023

epdata. (2019). *epdata.* Obtenido de https://www.epdata.es/ y consultado en diciembre de 2023

Estado, A. E. (2021). *Boletín Oficial del Estado.* Obtenido de BOE: https://www.boe.es/buscar/doc.php?id=BOE-A-2021-4572 y consultado en noviembre de 2023

FONGASCAL. (s.f.). y consultado en diciembre de 2023

GuardianGlass. (s.f.). *Guardian Glass.* Obtenido de https://www.guardiansun.es/tipos-de-ventanas-y-cristales/cristal-inteligente-que-es#:~:text=Factor%20g%20o%20factor%20solar%20del%20vidrio&text=En%20un%20doble%20acristalamiento%20normal,un%2030%

25%20m%C3%A1s%20de%20radiaci%C3%B3n. y consultado en enero de 2024

IDAE. (s.f.). *Instituto para la Diversificación y Ahorro de la Energía*. Obtenido de https://www.idae.es/ y consultado en enero de 2024

Jutglar Banyeras, L., Villarrubia Lopez, M., & Miranda Barreras, A. L. (2017). *Manual de aire acondicionado Carrier*. Marcombo. y consultado en diciembre de 2023

Ministerio de transportes, m. y. (s.f.). *CTE*. Obtenido de Código Técnico de la Edificación: https://www.codigotecnico.org/pdf/Documentos/HE/DccHE.pdf y consultado en noviembre de 2023

MITMA. (20 de Diciembre de 2019). *Documento Básico de Seguridad en Caso de Incendios*. y consultado en noviembre de 2023

Nations, U. (21 de Octubre de 2015). *United Nations Transforming Our World: The 2030 Agenda for Sustainable Development. UN General Assembly*. Obtenido de www.refworld.org/docid/57b6e3e44.html y consultado en enero de 2024

SwissMade. (s.f.). *Meteoblue*. Obtenido de Meteoblue: https://www.meteoblue.com/es/tiempo/historyclimate/climatemodell ed/valencia_espa%c3%b1a_2509954 y consultado en enero de 2024

topographic-map.com. (s.f.). Obtenido de https://es-es.topographic-map.com/map-1v5dn/Fanzara/?center=39.496795%2C-0.370645&zoom=15 y consultado en noviembre de 2023

UPV. (s.f.). *Universidad Politécnica de Valencia*. Obtenido de https://www.upv.es/ y consultado en enero de 2024

Valenciana, G. (2020). *IVACE*. Obtenido de Institut Valenciá de Competitivitat Empresarial: https://www.ivace.es/images/energia/2018/Plan_Energ%C3%ADa_S ostenible_CV_2020_Para_web.pdf y consultado en enero de 2024

ANEXOS

ANEXO I. **Resumen contribución a los Objetivos de Desarrollo Sostenible**

Objetivos de Desarrollo Sostenibles	Alto	Medio	Bajo	No procede
ODS 1. Fin de la pobreza.				X
ODS 2. Hambre cero.				X
ODS 3. Salud y bienestar.	X			
ODS 4. Educación de calidad.				X
ODS 5. Igualdad de género.				X
ODS 6. Agua limpia y saneamiento.		X		
ODS 7. Energía asequible y no contaminante.		X		
ODS 8. Trabajo decente y crecimiento económico.		X		
ODS 9. Industria, innovación e infraestructuras.	X			
ODS 10. Reducción de las desigualdades.				X
ODS 11. Ciudades y comunidades sostenibles.		X		
ODS 12. Producción y consumo responsables.			X	
ODS 13. Acción por el clima.		X		
ODS 14. Vida submarina.				X
ODS 15. Vida de ecosistemas terrestres.				X
ODS 16. Paz, justicia e instituciones				X

| sólidas. | | | | |
| ODS 17. Alianzas para lograr objetivos. | | | | X |

ANEXO II. Informe CHEQ4

La instalación solar térmica especificada CUMPLE los requerimientos mínimos especificados por el HE4

Datos del proyecto

Nombre del proyecto	
Comunidad	
Localidad	
Dirección	

Datos del autor

Nombre	
Empresa o institución	
Email	
Teléfono	

Características del sistema solar

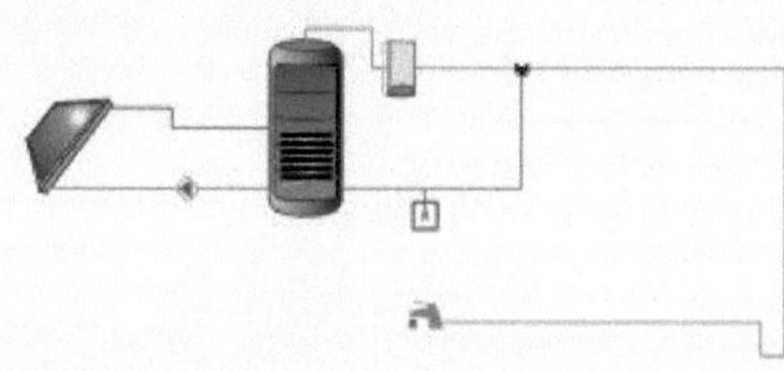

Localización de referencia	Valencia (Valencia/València)
Altura respecto la referencia [m]	-2
Sistema seleccionado	Instalación de consumidor único con interacumulador
Demanda [l/dia a 60°C]	3.570

Ocupación	Ene	Feb	Mar	Abr	May	Jun	Jul	Ago	Sep	Oct	Nov	Dic
%	100	100	100	100	100	100	100	100	100	100	100	100

Resultados

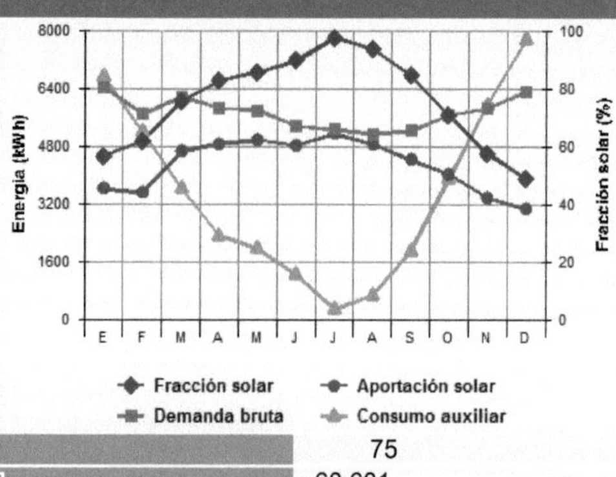

Fracción solar [%]	75
Demanda neta [kWh]	68.681
Demanda buta [kWh]	69.058
Aporte solar [kWh]	51.668
Consumo auxiliar [kWh]	41.788
Reducción de emisiones de [kg de CO2]	18.446

La instalación solar térmica especificada CUMPLE los requerimientos mínimos especificados por el HE4

Cálculo del sistema de referencia

De acuerdo al apartado 2.2.1 de la sección HE4, la contribución solar mínima podrá sustituirse parcial o totalmente mediante una instalación alternativa de otras energías renovables, procesos de cogeneración o fuentes de energía residuales procedentes de la instalación de recuperadores de calor ajenos a la propia instalación térmica del edificio.

Para poder realizar la sustitución se justificará documentalmente que las emisiones de dióxido de carbono y el consumo de energía primaria no renovable, debidos a la instalación alternativa y todos sus sistemas auxiliares para cubrir completamente la demanda de ACS, o la demanda total de ACS y calefacción si se considera necesario, son iguales o inferiores a las que se obtendrían mediante la correspondiente instalación solar térmica y el sistema de referencia (se considerará como sistema de referencia para ACS, y como sistema de referencia para calefacción, una caldera de gas con rendimiento medio estacional de 92%).

Demanda ACS total [kWh]	68.681
Demanda ACS de referencia [kWh]	17.013
Demanda calefacción CALENER [kWh]	0
Consumo energía primaria [kWh]	22.098
Emisiones de CO2 [kg CO2]	4.660

La instalación solar térmica especificada CUMPLE los requerimientos mínimos especificados por el HE4

Parámetros del sistema		Verificación en obra
Campo de captadores		
Captador seleccionado	5000 ST (Gamesa Solar)	☐
Contraseña de certificación	NPS 15211 - Verificar vigencia	☐
Número de captadores	48,0	☐
Número de captadores en serie	8,0	☐
Pérdidas por sombras (%)	0,0	☐
Orientación [º]	0,0	☐
Inclinación [º]	35,0	☐
Circuito primario/secundario		
Caudal circuito primario [l/h]	2.400,0	☐
Porcentaje de anticongelante [%]	26,0	☐
Longitud del circuito primario [m]	154,1	☐
Diámetro de la tubería [mm]	25,0	☐
Espesor del aislante [mm]	25,0	☐
Tipo de aislante	genérico	☐
Sistema de apoyo		
Tipo de sistema	Caldera eléctrica	☐
Tipo de combustible	Electricidad	☐
Acumulación		
Volumen [l]	6.000,0	☐
Distribución		
Longitud del circuito de distribución [m]	40,0	☐
Diámetro de la tubería [mm]	32,0	☐
Espesor del aislante [mm]	25,0	☐
Tipo de aislante	genérico	☐
Temperatura de distribución [ºC]	60,0	☐

ANEXO III. Informe CLIMA

Informe Clima_V_2

Proyecto: GIMNASIO

Localidad: VALENCIA

Autor: ANDRÉS HERRAIZ ARGUDO

DESCRIPCIÓN DE LAS CARACTERÍSTICAS DEL EDIFICIO

En este apartado se describen las características energéticas del edificio, envolvente térmica, condiciones de funcionamiento y ocupación y demás datos utilizados para el modelado del edificio.

DATOS DEL PROYECTO

Nombre del edificio	GIMNASIO
Referencia	
Fecha	22/11/2023
Empresa	
Autor	
Localidad	
Dirección	
Normativa construcción	CTE(Despues de 2013)

CONDICIONES EXTERIORES DE CÁLCULO PARA CARGAS TÉRMICAS

Ciudad	Valencia (8416)_USUARIO
Altitud[m]	11.00
Latitud[º]	39.48
Temperatura terreno[ºC]	5.00
Temperatura exterior máxima[ºC]	40.30
Humedad relativa coincidente	43.26
Temperatura exterior mínima[ºC]	5.50
Humedad relativa coincidente calefacción	73.10
Oscilación media anual[ºC]	34.80
Oscilación media diaria[ºC]	10.90
Oscilación media diaria invierno[ºC]	0.50

CONDICIONES EXTERIORES DE CÁLCULO PARA SIMULACIÓN ENERGÉTICA

Fichero de datos climatológicos para cálculo de demanda	bin\valencia.bin

DESCRIPCIÓN DEL EDIFICIO

Superficie acondicionada [m²]	852
Volumen aire acondicionado [m³]	3068
Superficie no acondicionada [m²]	0

Zonas de ventilación

Nombre	Locales	Tipo de ventilación	Temp.Imp. Verano[ºC]	Temp.Imp. Invierno[ºC]	Tipo de recuperador	Rendimiento	Rend. humect.
Zona_ventilación	P1_E1	Equipo aire primario .Solo ventilación.	-	-	Sensible	73.50	-

Zonas de demanda

Nombre	Locales
Zona_dem_1	P1_E1

Locales

Nombre	Tipo	Superficie [m²]	Volumen [m³]	Actividad	Numero de personas
P1_E1	Acondicionado	852.33	3068.39	Gimnasio	170

ENVOLVENTE TÉRMICA

Cerramientos opacos

Tipo	Local	Superficie [m²]	Orientación	Composición	Transmitancia [W/ m²K]	Peso[Kg/m²]
Muro_Exterior	P1_E1	27.79	Sur	MEI Ref. Z_B	0.83	186.11
Muro_Exterior	P1_E1	78.21	Este	MEI Ref. Z_B	0.83	186.11
Muro_Exterior	P1_E1	2.52	Norte	MEI Ref. Z_B	0.83	186.11
Muro_Exterior	P1_E1	3.16	Este	MEI Ref. Z_B	0.83	186.11
Muro_Exterior	P1_E1	1.66	Sur	MEI Ref. Z_B	0.83	186.11
Muro_Exterior	P1_E1	2.59	Este	MEI Ref. Z_B	0.83	186.11
Muro_Exterior	P1_E1	12.60	Sur	MEI Ref. Z_B	0.83	186.11
Muro_Exterior	P1_E1	5.68	Oeste	MEI Ref. Z_B	0.83	186.11
Muro_Exterior	P1_E1	0.72	Sur	MEI Ref. Z_B	0.83	186.11
Muro_Exterior	P1_E1	1.03	Oeste	MEI Ref. Z_B	0.83	186.11
Muro_Exterior	P1_E1	11.51	Sur	MEI Ref. Z_B	0.83	186.11
Muro_Exterior	P1_E1	1.53	Este	MEI Ref. Z_B	0.83	186.11
Muro_Exterior	P1_E1	3.25	Sur	MEI Ref. Z_B	0.83	186.11
Muro_Exterior	P1_E1	0.58	Oeste	MEI Ref. Z_B	0.83	186.11
Muro_Exterior	P1_E1	4.25	Sur	MEI Ref. Z_B	0.83	186.11
Muro_Exterior	P1_E1	1.45	Oeste	MEI Ref. Z_B	0.83	186.11
Muro_Exterior	P1_E1	0.77	Oeste	MEI Ref. Z_B	0.83	186.11
Muro_Exterior	P1_E1	17.64	Oeste	MEI Ref. Z_B	0.83	186.11
Muro_Exterior	P1_E1	18.82	Sur	MEI Ref. Z_B	0.83	186.11
Muro_Exterior	P1_E1	5.40	Oeste	MEI Ref. Z_B	0.83	186.11
Muro_Exterior	P1_E1	18.82	Norte	MEI Ref. Z_B	0.83	186.11
Muro_Exterior	P1_E1	14.35	Oeste	MEI Ref. Z_B	0.83	186.11
Muro_Exterior	P1_E1	4.71	Sur	MEI Ref. Z_B	0.83	186.11
Muro_Exterior	P1_E1	51.84	Oeste	MEI Ref. Z_B	0.83	186.11
Muro_Exterior	P1_E1	22.58	Sur	MEI Ref. Z_B	0.83	186.11
Muro_Exterior	P1_E1	0.97	Este	MEI Ref. Z_B	0.83	186.11
Muro_Exterior	P1_E1	1.08	Sur	MEI Ref. Z_B	0.83	186.11
Muro_Exterior	P1_E1	94.88	Este	MEI Ref. Z_B	0.83	186.11
Muro_Exterior	P1_E1	41.48	Sur	MEI Ref. Z_B	0.83	186.11
Muro_Exterior	P1_E1	39.06	Este	MEI Ref. Z_B	0.83	186.11
Muro_Exterior	P1_E1	0.75	Norte	MEI Ref. Z_B	0.83	186.11
Muro_Exterior	P1_E1	1.88	Este	MEI Ref. Z_B	0.83	186.11
Muro_Exterior	P1_E1	0.68	Sur	MEI Ref. Z_B	0.83	186.11
Muro_Exterior	P1_E1	0.65	Este	MEI Ref. Z_B	0.83	186.11
Muro_Exterior	P1_E1	0.49	Sur	MEI Ref. Z_B	0.83	186.11
Muro_Exterior	P1_E1	9.74	Este	MEI Ref. Z_B	0.83	186.11
Muro_Exterior	P1_E1	0.57	Norte	MEI Ref. Z_B	0.83	186.11
Muro_Exterior	P1_E1	1.58	Este	MEI Ref. Z_B	0.83	186.11
Muro_Exterior	P1_E1	0.75	Norte	MEI Ref. Z_B	0.83	186.11
Muro_Exterior	P1_E1	1.04	Este	MEI Ref. Z_B	0.83	186.11
Muro_Exterior	P1_E1	24.68	Norte	MEI Ref. Z_B	0.83	186.11

Tipo	Local	Superficie [m²]	Orientación	Composición	Transmitancia [W/ m²K]	
Muro_Exterior	P1_E1	2.56	Oeste	MEI Ref. Z_B	0.83	186.11
Muro_Exterior	P1_E1	5.52	Norte	MEI Ref. Z_B	0.83	186.11
Muro_Exterior	P1_E1	7.26	Oeste	MEI Ref. Z_B	0.83	186.11
Muro_Exterior	P1_E1	19.63	Norte	MEI Ref. Z_B	0.83	186.11
Muro_Exterior	P1_E1	17.11	Este	MEI Ref. Z_B	0.83	186.11
Muro_Exterior	P1_E1	37.25	Norte	MEI Ref. Z_B	0.83	186.11
Muro_Exterior	P1_E1	1.01	Oeste	MEI Ref. Z_B	0.83	186.11
Muro_Exterior	P1_E1	2.09	Norte	MEI Ref. Z_B	0.83	186.11
Muro_Exterior	P1_E1	2.85	Oeste	MEI Ref. Z_B	0.83	186.11
Muro_Exterior	P1_E1	2.88	Norte	MEI Ref. Z_B	0.83	186.11
Muro_Exterior	P1_E1	2.70	Oeste	MEI Ref. Z_B	0.83	186.11
Muro_Exterior	P1_E1	2.88	Sur	MEI Ref. Z_B	0.83	186.11
Muro_Exterior	P1_E1	2.62	Oeste	MEI Ref. Z_B	0.83	186.11
Muro_Exterior	P1_E1	1.05	Sur	MEI Ref. Z_B	0.83	186.11
Muro_Exterior	P1_E1	1.38	Oeste	MEI Ref. Z_B	0.83	186.11
Muro_Exterior	P1_E1	1.08	Norte	MEI Ref. Z_B	0.83	186.11
Muro_Exterior	P1_E1	4.74	Oeste	MEI Ref. Z_B	0.83	186.11
Muro_Exterior	P1_E1	2.56	Norte	MEI Ref. Z_B	0.83	186.11
Muro_Exterior	P1_E1	6.99	Oeste	MEI Ref. Z_B	0.83	186.11
Muro_Exterior	P1_E1	3.81	Sur	MEI Ref. Z_B	0.83	186.11
Muro_Exterior	P1_E1	2.19	Oeste	MEI Ref. Z_B	0.83	186.11
Muro_Exterior	P1_E1	4.27	Norte	MEI Ref. Z_B	0.83	186.11
Muro_Exterior	P1_E1	15.04	Oeste	MEI Ref. Z_B	0.83	186.11
Muro_Exterior	P1_E1	5.72	Norte	MEI Ref. Z_B	0.83	186.11
Muro_Exterior	P1_E1	5.94	Oeste	MEI Ref. Z_B	0.83	186.11
Muro_Exterior	P1_E1	3.28	Norte	MEI Ref. Z_B	0.83	186.11
Muro_Exterior	P1_E1	3.71	Este	MEI Ref. Z_B	0.83	186.11
Muro_Exterior	P1_E1	5.51	Norte	MEI Ref. Z_B	0.83	186.11
Muro_Exterior	P1_E1	2.52	Oeste	MEI Ref. Z_B	0.83	186.11
Muro_Exterior	P1_E1	14.24	Norte	MEI Ref. Z_B	0.83	186.11
Muro_Exterior	P1_E1	11.01	Oeste	MEI Ref. Z_B	0.83	186.11
Muro_Exterior	P1_E1	5.72	Norte	MEI Ref. Z_B	0.83	186.11
Muro_Exterior	P1_E1	4.15	Oeste	MEI Ref. Z_B	0.83	186.11
Muro_Exterior	P1_E1	3.34	Sur	MEI Ref. Z_B	0.83	186.11
Muro_Exterior	P1_E1	5.92	Oeste	MEI Ref. Z_B	0.83	186.11
Muro_Exterior	P1_E1	3.26	Norte	MEI Ref. Z_B	0.83	186.11
Muro_Exterior	P1_E1	82.78	Oeste	MEI Ref. Z_B	0.83	186.11
Suelo_Terreno	P1_E1	852.33	-	FIT Ref. Z_B	0.52	560.48
Techo_Exterior	P1_E1	852.33	Horizontal	FEI Ref. Z_B	0.45	587.69

Huecos y lucernarios

Tipo	Local	Superficie [m²]	Orientación	Composición	Transmitancia [W/ m²K]	Factor Solar
Ventana_Exterior	P1_E1	18.00	Sur	HuecoRef	2.50	0.45
Ventana_Exterior	P1_E1	17.99	Sur	HuecoRef	2.50	0.45
Ventana_Exterior	P1_E1	18.00	Este	HuecoRef	2.50	0.45
Ventana_Exterior	P1_E1	18.00	Este	HuecoRef	2.50	0.45
Ventana_Exterior	P1_E1	18.00	Este	HuecoRef	2.50	0.45
Ventana_Exterior	P1_E1	18.00	Este	HuecoRef	2.50	0.45
Ventana_Exterior	P1_E1	18.00	Sur	HuecoRef	2.50	0.45

Ventana_Exterior	P1_E1	18.00	Sur	HuecoRef	2.50	0.45
Ventana_Exterior	P1_E1	18.03	Este	HuecoRef	2.50	0.45
Ventana_Exterior	P1_E1	18.03	Este	HuecoRef	2.50	0.45
Ventana_Exterior	P1_E1	18.00	Norte	HuecoRef	2.50	0.45
Ventana_Exterior	P1_E1	15.70	Norte	HuecoRef	2.50	0.45
Ventana_Exterior	P1_E1	29.80	Norte	HuecoRef	2.50	0.45
Ventana_Exterior	P1_E1	18.00	Oeste	HuecoRef	2.50	0.45
Ventana_Exterior	P1_E1	18.00	Oeste	HuecoRef	2.50	0.45
Ventana_Exterior	P1_E1	18.00	Oeste	HuecoRef	2.50	0.45
Ventana_Exterior	P1_E1	17.99	Oeste	HuecoRef	2.50	0.45

ACTIVIDADES, DISTRIBUCIONES Y COMPOSICIONES

Actividades

Nombre	m^2/pers	Numero personas	Distribución personas	Actividad	Pot. sen. [W/pers]	Pot. lat. [W/pers]
Gimnasio	5.00	170	Gimnasio	De pie trabajo muy pesado	139.00	383.00

Nombre	Pot. luces [W/m^2]	Tipo luces	Distribución luces	Pot. sensible equipos [W/m^2]	Pot. latente equipos [W/m^2]	Distribución equipos
Gimnasio	4.00	Led	Gimnasio_luces	5.00	0.00	Gimnasio_luces

Nombre	Ventilación [m^3/h.persona]	Distribución ventilación
Gimnasio	28.80	Gimnasio_personas

Distribuciones

Nombre	Valores horarios
Gimnasio_personas	Hora 0: 0.000 Hora 1: 0.000 Hora 2: 0.000 Hora 3: 0.000 Hora 4: 0.000 Hora 5: 0.000 Hora 6: 0.000 Hora 7: 0.000 Hora 8: 50.000 Hora 9: 75.000 Hora 10: 90.000 Hora 11: 100.000 Hora 12: 100.000 Hora 13: 90.000 Hora 14: 25.000 Hora 15: 40.000 Hora 16: 50.000 Hora 17: 75.000 Hora 18: 100.000 Hora 19: 100.000 Hora 20: 80.000 Hora 21: 60.000 Hora 22: 0.000 Hora 23: 0.000

Gimnasio_luces	Hora 0: 0.000 Hora 1: 0.000 Hora 2: 0.000 Hora 3: 0.000 Hora 4: 0.000 Hora 5: 0.000 Hora 6: 0.000 Hora 7: 0.000 Hora 8: 100.000 Hora 9: 100.000 Hora 10: 100.000 Hora 11: 100.000 Hora 12: 100.000 Hora 13: 100.000 Hora 14: 100.000 Hora 15: 100.000 Hora 16: 100.000 Hora 17: 100.000 Hora 18: 100.000 Hora 19: 100.000 Hora 20: 100.000 Hora 21: 100.000 Hora 22: 100.000 Hora 23: 0.000
Gimnasio_equipos	Hora 0: 0.000 Hora 1: 0.000 Hora 2: 0.000 Hora 3: 0.000 Hora 4: 0.000 Hora 5: 0.000 Hora 6: 0.000 Hora 7: 0.000 Hora 8: 100.000 Hora 9: 100.000 Hora 10: 100.000 Hora 11: 100.000 Hora 12: 100.000 Hora 13: 100.000 Hora 14: 100.000 Hora 15: 100.000 Hora 16: 100.000 Hora 17: 100.000 Hora 18: 100.000 Hora 19: 100.000 Hora 20: 100.000 Hora 21: 100.000 Hora 22: 100.000 Hora 23: 0.000
Gimnasio_luces	Hora 0: 0.000 Hora 1: 0.000 Hora 2: 0.000 Hora 3: 0.000 Hora 4: 0.000 Hora 5: 0.000 Hora 6: 0.000 Hora 7: 0.000

	Hora 8: 100.000
	Hora 9: 100.000
	Hora 10: 100.000
	Hora 11: 100.000
	Hora 12: 100.000
	Hora 13: 100.000
	Hora 14: 100.000
	Hora 15: 100.000
	Hora 16: 100.000
	Hora 17: 100.000
	Hora 18: 100.000
	Hora 19: 100.000
	Hora 20: 100.000
	Hora 21: 100.000
	Hora 22: 100.000
	Hora 23: 0.000

Composiciones cerramientos

Nombre	Capas	Transmitancia [W/m²K]	Peso [kg/m²]	He [W/m²K]	Hi [W/m²K]
MEI Ref. Z_B	ref Mortero de cemento (1.5cm) ref Ladrillo perforado (11.5cm) ref Aislante (2.7cm) ref Ladrillo hueco (4.0cm) ref Enlucido de yeso (1.5cm)	0.83	186.110	25.00	7.69
FIT Ref. Z_B	ref Plaqueta o baldosa ceramica (1.5cm) ref Mortero de cemento (1.5cm) ref Aislante (6.6cm) ref Solera de hormigon armado (20.0cm)	0.52	560.480	9999.00	5.88
FEI Ref. Z_B	ref Plaqueta o baldosa ceramica (1.5cm) ref Mortero de cemento (1.5cm) ref Aislante (7.3cm) ref Hormigon con aridos ligeros (7.0cm) ref Forjado ceramico (25.0cm)	0.45	587.690	25.00	10.00

Composiciones huecos

Nombre	Transmitancia [W/m²K]	Factor solar	Vidrio	Marco	Fracción marco
HuecoRef	2.50	0.450	VidrioDoble	marco	10.00

ANEXO IV. Enlaces a fichas técnicas de elementos utilizados

- Bomba de calor VRF AVWT-250FKFSHA y VRF AVWT-76FKFSHA:

chrome-extension://efaidnbmnnnibpcajpcglclefindmkaj/https://www.hs-cs.nl/media/0lnbul33/technische-specificaties-hisense-hi-flexi-s-hoog-effici%C3%ABnt-buitenunit.pdf

- Cassettes AVBC-54HJFKA:

https://www.gasfriocalor.com/aire-acondicionado-vrf-hisense-unidad-interior-cassette-54

- Cajas de conmutacion HCHM-N08XA:

chrome-extension://efaidnbmnnnibpcajpcglclefindmkaj/https://www.hs-cs.nl/media/kbjffyeo/service-handboek-hisense-hchm-multi-verdeelbox.pdf

- Recuperadores UR-2200-EC y UR-1200-EC:

chrome-extension://efaidnbmnnnibpcajpcglclefindmkaj/https://luymar.com/wp-content/uploads/2021/03/RECUPERADOR-UR-EC-WEB-21.pdf

- Refrigerante R-410A:

chrome-extension://efaidnbmnnnibpcajpcglclefindmkaj/https://gas-servei.com/shop/docs/ficha-tecnica-r-410a-gas-servei.pdf

- Tubo de cobre líneas frigoríficas:

https://www.onatermia.com/aire-acondicionado/1300-rollo-de-tuberia-frigorifica-de-cobre-aislado-14-58-onatermia.html

- Ventiladores CAB-160:

chrome-extension://efaidnbmnnnibpcajpcglclefindmkaj/https://statics.solerpalau.com/media/import/documentation/ES_CAB.pdf

- Captadores Solar Gamesa 5000 ST:

https://www.todoensolar.com/COLECTOR-SOLAR-GAMESA-5000-ST

- Depósito de acumulación MASTER INOX:

https://lapesa.es/es/depositos-de-gran-capacidad-hasta-6000-litros

- Vaso de expansión Imera 200l:

https://www.aquazon.es/es/vasos-de-expansion/2490-2967-vaso-expansion-vertical-multiusos-calefaccion-acs-solar-y-grupos-de-presion-5-anos-garantia-imera.html#/424-capacidad-200_1

- Bomba de recirculación SB-150 XL:

https://www.baxi.es/profesionales/productos/complementos-componentes/circuladores/sb

- Bomba de impulsion SB-5 Y:

chrome-extension://efaidnbmnnnibpcajpcglclefindmkaj/https://www.gasfriocalor.com/index.php?controller=attachment&id_attachment=1008

- Bomba de calor WATERNOX HP 300:

chrome-extension://efaidnbmnnnibpcajpcglclefindmkaj/https://www.junkers-bosch.es/ocsmedia/optimized/full/o478746v272_JUBO_Ficha_Tecnica_Bomba_Calor_Waternox_WEB.pdf

Documento Pliego de Condiciones

ÍNDICE

1. PLIEGO DE CLÁUSULAS ADMINSITRATIVAS

1.1. Disposiciones generales

1.1.1. Disposiciones de carácter general

1.1.1.1. Objeto del Pliego de Condiciones

La finalidad de este Pliego es la de fijar los criterios de la relación que se establece entre los agentes que intervienen en las obras definidas en el presente proyecto y servir de base para la realización del contrato de obra entre el promotor y el contratista.

1.1.1.2. Contrato de obra

Se recomienda la contratación de la ejecución de las obras por unidades de obra, con arreglo a los documentos del proyecto y en cifras fijas. A tal fin, el director de obra ofrece la documentación necesaria para la realización del contrato de obra.

1.1.1.3. Documentación del contrato de obra

Integran el contrato de obra los siguientes documentos, relacionados por orden de prelación atendiendo al valor de sus especificaciones, en el caso de posibles interpretaciones, omisiones o contradicciones:

- Las condiciones fijadas en el contrato de obra.
- El presente Pliego de Condiciones.
- La documentación gráfica y escrita del Proyecto: planos generales y de detalle, memorias, anejos, mediciones y presupuestos.

En el caso de interpretación, prevalecen las especificaciones literales sobre las gráficas y las cotas sobre las medidas a escala tomadas de los planos.

1.1.1.4. Ejecución de las obras y responsabilidad del contratista

Las obras se ejecutarán con estricta sujeción a las estipulaciones contenidas en el pliego de cláusulas administrativas particulares y al proyecto que sirve de base al contrato y conforme a las instrucciones que la dirección facultativa de las obras diere al contratista.

Cuando las instrucciones fueren de carácter verbal, deberán ser ratificadas por escrito en el más breve plazo posible, para que sean vinculantes para las partes.

El contratista es responsable de la ejecución de las obras y de todos los defectos que en la construcción puedan advertirse durante el desarrollo de las obras y hasta que se cumpla el plazo de garantía, en las condiciones establecidas en el contrato y en los documentos que componen el Proyecto.

En consecuencia, quedará obligado a la demolición y reconstrucción de todas las unidades de obra con deficiencias o mal ejecutadas, sin que pueda servir de excusa el hecho de que la dirección facultativa haya examinado y reconocido la construcción durante sus visitas de obra, ni que hayan sido abonadas en liquidaciones parciales.

1.1.1.5. Accidentes de trabajo

Es de obligado cumplimiento el "Real Decreto 1627/1997. Disposiciones mínimas de seguridad y de salud en las obras de construcción" y demás legislación vigente que, tanto directa como indirectamente, inciden sobre la planificación de la seguridad y salud en el trabajo de la construcción, conservación y mantenimiento de edificios.

Es responsabilidad del Coordinador de Seguridad y Salud el control y el seguimiento, durante toda la ejecución de la obra, del Plan de Seguridad y Salud redactado por el contratista.

1.1.1.6. Suministro de materiales

Se especificará en el Contrato la responsabilidad que pueda caber al contratista por retraso en el plazo de terminación o en plazos parciales, como consecuencia de deficiencias o faltas en los suministros.

1.1.2. Disposiciones relativas a trabajos, materiales y medios auxiliares

Se describen las disposiciones básicas a considerar en la ejecución de las obras, relativas a los trabajos, materiales y medios auxiliares, así como a las recepciones de los edificios objeto del presente proyecto y sus obras anejas.

1.1.2.1. Accesos y vallados

El contratista dispondrá, por su cuenta, los accesos a la obra, el cerramiento o el vallado de ésta y su mantenimiento durante la ejecución de la obra, pudiendo exigir el director de ejecución de la obra su modificación o mejora.

1.1.2.2. Replanteo

La ejecución del contrato de obras comenzará con el acta de comprobación del replanteo, dentro del plazo de treinta días desde la fecha de su formalización.

El contratista iniciará "in situ" el replanteo de las obras, señalando las referencias principales que mantendrá como base de posteriores replanteos parciales. Dichos trabajos se considerarán a cargo del contratista e incluidos en su oferta económica.

Asimismo, someterá el replanteo a la aprobación del director de ejecución de la obra y, una vez éste haya dado su conformidad, preparará el Acta de Inicio y Replanteo de la Obra acompañada de un plano de replanteo definitivo, que deberá ser aprobado por el director de obra. Será responsabilidad del contratista la deficiencia o la omisión de este trámite.

1.1.2.3. Inicio de la obra y ritmo de ejecución de los trabajos

El contratista dará comienzo a las obras en el plazo especificado en el respectivo contrato, desarrollándose de manera adecuada para que dentro de los períodos parciales señalados se realicen los trabajos, de modo que la ejecución total se lleve a cabo dentro del plazo establecido en el contrato.

Será obligación del contratista comunicar a la dirección facultativa el inicio de las obras, de forma fehaciente y preferiblemente por escrito, al menos con tres días de antelación.

El director de obra redactará el acta de comienzo de la obra y la suscribirán en la misma obra junto con él, el día de comienzo de los trabajos, el director de la ejecución de la obra, el promotor y el contratista.

Para la formalización del acta de comienzo de la obra, el director de la obra comprobará que en la obra existe copia de los siguientes documentos:

- Proyecto de Ejecución, Anejos y modificaciones.
- Plan de Seguridad y Salud en el Trabajo y su acta de aprobación por parte del Coordinador de Seguridad y Salud durante la ejecución de los trabajos.
- Licencia de Obra otorgada por el Ayuntamiento.
- Comunicación de apertura de centro de trabajo efectuada por el contratista.
- Otras autorizaciones, permisos y licencias que sean preceptivas por otras administraciones.
- Libro de Órdenes y Asistencias.
- Libro de Incidencias.

La fecha del acta de comienzo de la obra marca el inicio de los plazos parciales y total de la ejecución de la obra.

1.1.2.4. Orden de los trabajos

La determinación del orden de los trabajos es, generalmente, facultad del contratista, salvo en aquellos casos en que, por circunstancias de naturaleza técnica, se estime conveniente su variación por parte de la dirección facultativa.

1.1.2.5. Facilidades para otros contratistas

De acuerdo con lo que requiera la dirección facultativa, el contratista dará todas las facilidades razonables para la realización de los trabajos que le sean encomendados a los Subcontratistas u otros Contratistas que intervengan en la ejecución de la obra. Todo ello sin perjuicio de las compensaciones económicas a que haya lugar por la utilización de los medios auxiliares o los suministros de energía u otros conceptos.

En caso de litigio, todos ellos se ajustarán a lo que resuelva la dirección facultativa.

1.1.2.6. Ampliación del proyecto por causas imprevistas o de fuerza mayor

Cuando se precise ampliar el Proyecto, por motivo imprevisto o por cualquier incidencia, no se interrumpirán los trabajos, continuándose según las instrucciones de la dirección facultativa en tanto se formula o se tramita el Proyecto Reformado.

El contratista está obligado a realizar, con su personal y sus medios materiales, cuanto la dirección de ejecución de la obra disponga para apeos, apuntalamientos, derribos, recalces o cualquier obra de carácter urgente, anticipando de momento este servicio, cuyo importe le será consignado en un presupuesto adicional o abonado directamente, de acuerdo con lo que se convenga.

1.1.2.7. Interpretaciones, aclaraciones y modificaciones del proyecto

El contratista podrá requerir del director de obra o del director de ejecución de la obra, según sus respectivos cometidos y atribuciones, las instrucciones o aclaraciones que se precisen para la correcta interpretación y ejecución de la obra proyectada.

Cuando se trate de interpretar, aclarar o modificar preceptos de los Pliegos de Condiciones o indicaciones de los planos, croquis, órdenes e instrucciones correspondientes, se comunicarán necesariamente por escrito al contratista, estando éste a su vez obligado a devolver los originales o las copias, suscribiendo con su firma el enterado, que figurará al pie de todas las órdenes, avisos e instrucciones que reciba tanto del director de ejecución de la obra, como del director de obra.

Cualquier reclamación que crea oportuno hacer el contratista en contra de las disposiciones tomadas por la dirección facultativa, habrá de dirigirla, dentro del plazo de tres días, a quien la hubiera dictado, el cual le dará el correspondiente recibo, si éste lo solicitase.

1.1.2.8. Prórroga por causa de fuerza mayor

Si, por causa de fuerza mayor o independientemente de la voluntad del contratista, éste no pudiese comenzar las obras, tuviese que suspenderlas o no le fuera posible terminarlas en los plazos prefijados, se le otorgará una prórroga proporcionada para su cumplimiento, previo informe favorable del director de obra. Para ello, el contratista expondrá, en escrito dirigido al director de obra, la causa que impide la ejecución o la marcha de los trabajos y el retraso que por ello se originaría en los plazos acordados, razonando debidamente la prórroga que por dicha causa solicita.

Tendrán la consideración de casos de fuerza mayor los siguientes:

- Los incendios causados por la electricidad atmosférica.
- Los fenómenos naturales de efectos catastróficos, como maremotos, terremotos, erupciones volcánicas, movimientos del terreno, temporales marítimos, inundaciones u otros semejantes.
- Los destrozos ocasionados violentamente en tiempo de guerra, robos tumultuosos o alteraciones graves del orden público.

1.1.2.9. Responsabilidad de la dirección facultativa en el retraso de la obra

El contratista no podrá excusarse de no haber cumplido los plazos de obras estipulados, alegando como causa la carencia de planos u órdenes de la dirección facultativa, a excepción del caso en que, habiéndolo solicitado por escrito, no se le hubiese proporcionado.

1.1.2.10. Trabajos defectuosos

El contratista debe emplear los materiales que cumplan las condiciones exigidas en el proyecto, y realizará todos y cada uno de los trabajos contratados de acuerdo con lo estipulado.

Por ello, y hasta que tenga lugar la recepción definitiva del edificio, el contratista es responsable de la ejecución de los trabajos que ha contratado y de las faltas y defectos que puedan existir por su mala ejecución, no siendo un eximente el que la dirección facultativa lo haya examinado o reconocido con anterioridad, ni tampoco el hecho de que estos trabajos hayan sido valorados en las Certificaciones Parciales de obra, que siempre se entenderán extendidas y abonadas a buena cuenta.

Como consecuencia de lo anteriormente expresado, cuando el director de ejecución de la obra advierta vicios o defectos en los trabajos ejecutados, o que los materiales empleados o los aparatos y equipos colocados no reúnen las condiciones preceptuadas, ya sea en el curso de la ejecución de los trabajos o una vez finalizados con anterioridad a la recepción definitiva de la obra, podrá disponer que las partes defectuosas sean sustituidas o demolidas y reconstruidas de acuerdo con lo contratado a expensas del contratista. Si ésta no estimase justa la decisión y se negase a la sustitución, demolición y reconstrucción ordenadas, se planteará la cuestión ante el director de obra, quien mediará para resolverla.

1.1.2.11. Responsabilidad por vicios ocultos

El contratista es el único responsable de los vicios ocultos y de los defectos de la construcción, durante la ejecución de las obras y el periodo de garantía, hasta los plazos prescritos después de la terminación de las obras en la vigente "Ley 38/1999. Ley de Ordenación de la Edificación", aparte de otras responsabilidades legales o de cualquier índole que puedan derivarse.

Si la obra se arruina o sufre deterioros graves incompatibles con su función con posterioridad a la expiración del plazo de garantía por vicios ocultos de la construcción, debido a incumplimiento del contrato por parte del contratista, éste responderá de los daños y perjuicios que se produzcan o se manifiesten durante un plazo de quince años a contar desde la recepción de la obra.

Asimismo, el contratista responderá durante dicho plazo de los daños materiales causados en la obra por vicios o defectos que afecten a la cimentación, los soportes, las vigas, los forjados, los muros de carga u otros elementos estructurales, y que comprometan directamente la resistencia mecánica y la estabilidad de la construcción, contados desde la fecha de recepción de la obra sin reservas o desde la subsanación de estas.

Si el director de ejecución de la obra tuviese fundadas razones para creer en la existencia de vicios ocultos de construcción en las obras ejecutadas, ordenará, cuando estime oportuno, realizar antes de la recepción definitiva los ensayos, destructivos o no, que considere necesarios para reconocer o diagnosticar los trabajos que suponga defectuosos, dando cuenta de la circunstancia al director de obra.

El contratista demolerá, y reconstruirá posteriormente a su cargo, todas las unidades de obra mal ejecutadas, sus consecuencias, daños y perjuicios, no pudiendo eludir su responsabilidad por el hecho de que el director de obra y/o el director de ejecución de obra lo hayan examinado o reconocido con anterioridad, o que haya sido conformada o abonada una parte o la totalidad de las obras mal ejecutadas.

1.1.2.12. Procedencia de materiales, aparatos y equipos

El contratista tiene libertad de proveerse de los materiales, aparatos y equipos de todas clases donde considere oportuno y conveniente para sus intereses, excepto en aquellos casos en los se preceptúe una procedencia y características específicas en el proyecto.

Obligatoriamente, y antes de proceder a su empleo, acopio y puesta en obra, el contratista deberá presentar al director de ejecución de la obra una lista completa de los materiales, aparatos y equipos que vaya a utilizar, en la que se especifiquen todas las indicaciones sobre sus características técnicas, marcas, calidades, procedencia e idoneidad de cada uno de ellos.

1.1.2.13. Presentación de muestras

A petición del director de obra, el contratista presentará las muestras de los materiales, aparatos y equipos, siempre con la antelación prevista en el calendario de obra.

1.1.2.14. Materiales, aparatos y equipos defectuosos

Cuando los materiales, aparatos, equipos y elementos de instalaciones no fuesen de la calidad y características técnicas prescritas en el proyecto, no tuvieran la preparación en él exigida o cuando, a falta de prescripciones formales, se reconociera o demostrara que no son los adecuados para su fin, el director de obra, a instancias del director de ejecución de la obra, dará la orden al contratista de sustituirlos por otros que satisfagan las condiciones o sean los adecuados al fin al que se destinen.

Si, a los 15 días de recibir el contratista orden de que retire los materiales que no estén en condiciones, ésta no ha sido cumplida, podrá hacerlo el promotor a cuenta de contratista.

En el caso de que los materiales, aparatos, equipos o elementos de instalaciones fueran defectuosos, pero aceptables a juicio del director de obra, se recibirán con la rebaja del precio que aquél determine, a no ser que el contratista prefiera sustituirlos por otros en condiciones.

1.1.2.15. Gastos ocasionados por pruebas y ensayos

Todos los gastos originados por las pruebas y ensayos de materiales o elementos que intervengan en la ejecución de las obras correrán a cargo y cuenta del contratista.

Todo ensayo que no resulte satisfactorio, no se realice por omisión del contratista, o que no ofrezca las suficientes garantías, podrá comenzarse nuevamente o realizarse nuevos ensayos o pruebas especificadas en el proyecto, a cargo y cuenta del contratista y con la penalización correspondiente, así como todas las obras complementarias a que pudieran dar lugar cualquiera de los supuestos anteriormente citados y que el director de obra considere necesarios.

1.1.2.16. Limpieza de las obras

Es obligación del contratista mantener limpias las obras y sus alrededores tanto de escombros como de materiales sobrantes, retirar las instalaciones provisionales que no sean necesarias, así como ejecutar todos los trabajos y adoptar las medidas que sean apropiadas para que la obra presente buen aspecto.

1.1.2.17. Obras sin prescripciones explícitas

En la ejecución de trabajos que pertenecen a la construcción de las obras, y para los cuales no existan prescripciones consignadas explícitamente en este Pliego ni en la restante documentación del proyecto, el contratista se atendrá, en primer término, a las instrucciones que dicte la dirección facultativa de las obras y, en segundo lugar, a las normas y prácticas de la buena construcción.

1.1.3. Disposiciones de las recepciones de edificios y obras anejas

1.1.3.1. Consideraciones de carácter general

La recepción de la obra es el acto por el cual el contratista, una vez concluida la obra, hace entrega de la misma al promotor y es aceptada por éste. Podrá realizarse con o sin reservas y deberá abarcar la totalidad de la obra o fases completas y terminadas de la misma, cuando así se acuerde por las partes.

La recepción deberá consignarse en un acta firmada, al menos, por el promotor y el contratista, haciendo constar:

- Las partes que intervienen.
- La fecha del certificado final de la totalidad de la obra o de la fase completa y terminada de la misma.
- El coste final de la ejecución material de la obra.
- La declaración de la recepción de la obra con o sin reservas, especificando, en su caso, éstas de manera objetiva, y el plazo en que deberán quedar subsanados los defectos observados. Una vez subsanados los mismos, se hará constar en un acta aparte, suscrita por los firmantes de la recepción.
- Las garantías que, en su caso, se exijan al contratista para asegurar sus responsabilidades.

Asimismo, se adjuntará el certificado final de obra suscrito por el director de obra y el director de la ejecución de la obra.

El promotor podrá rechazar la recepción de la obra por considerar que la misma no está terminada o que no se adecúa a las condiciones contractuales.

En todo caso, el rechazo deberá ser motivado por escrito en el acta, en la que se fijará el nuevo plazo para efectuar la recepción.

Salvo pacto expreso en contrario, la recepción de la obra tendrá lugar dentro de los treinta días siguientes a la fecha de su terminación, acreditada en el certificado final de obra, plazo que se contará a partir de la notificación efectuada por escrito al promotor. La recepción se entenderá tácitamente producida si transcurridos treinta días desde la fecha indicada el promotor no hubiera puesto de manifiesto reservas o rechazo motivado por escrito.

El cómputo de los plazos de responsabilidad y garantía será el establecidos en la "Ley 38/1999. Ley de Ordenación de la Edificación", y se iniciará a partir de la fecha en que se suscriba el acta de recepción, o cuando se entienda ésta tácitamente producida según lo previsto en el apartado anterior.

1.1.3.2. Recepción provisional

Treinta días antes de dar por finalizadas las obras, comunicará el director de ejecución de la obra al promotor la proximidad de su terminación a fin de convenir el acto de la Recepción Provisional.

Ésta se realizará con la intervención del promotor, del contratista, del director de obra y del director de ejecución de la obra. Se convocará también a los restantes técnicos que, en su caso, hubiesen intervenido en la dirección con función propia en aspectos parciales o unidades especializadas.

Practicado un detenido reconocimiento de las obras, se extenderá un acta con tantos ejemplares como intervinientes y firmados por todos ellos. Desde esta fecha empezará a correr el plazo de garantía, si las obras se hallasen en estado de ser admitidas. Seguidamente, los Técnicos de la Dirección extenderán el correspondiente Certificado de Final de Obra.

Cuando las obras no se hallen en estado de ser recibidas, se hará constar expresamente en el Acta y se darán al contratista las oportunas instrucciones para subsanar los defectos observados, fijando un plazo para subsanarlos, expirado el cual se efectuará un nuevo reconocimiento a fin de proceder a la recepción provisional de la obra.

Si el contratista no hubiese cumplido, podrá declararse resuelto el contrato con la pérdida de la fianza.

1.1.3.3. Documentación final de la obra

El director de ejecución de la obra, asistido por el contratista y los técnicos que hubieren intervenido en la obra, redactará la documentación final de las obras, que se facilitará al promotor, con las especificaciones y contenidos dispuestos por la legislación vigente. Esta documentación incluye el Manual de Uso y Mantenimiento del Edificio.

1.1.3.4. Medición definitiva y liquidación provisional de la obra

Recibidas provisionalmente las obras, se procederá inmediatamente por el director de ejecución de la obra a su medición definitiva, con precisa asistencia del contratista o de su representante. Se extenderá la oportuna certificación por triplicado que, aprobada por el director de obra con su firma, servirá para el abono por el promotor del saldo resultante menos la cantidad retenida en concepto de fianza.

1.1.3.5. Plazo de garantía

El plazo de garantía deberá estipularse en el contrato privado y, en cualquier caso, nunca deberá ser inferior a un año salvo casos especiales

Dentro del plazo de quince días anteriores al cumplimiento del plazo de garantía, la dirección facultativa, de oficio o a instancia del contratista, redactará un informe sobre el estado de las obras.

Si el informe fuera favorable, el contratista quedará exonerado de toda responsabilidad, procediéndose a la devolución o cancelación de la garantía, a la liquidación del contrato y, en su caso, al pago de las obligaciones pendientes que deberá efectuarse en el plazo de sesenta días.

En el caso de que el informe no fuera favorable y los defectos observados se debiesen a deficiencias en la ejecución de la obra, la dirección facultativa procederá a dictar las oportunas instrucciones al contratista para su debida reparación, concediéndole para ello un plazo durante el cual continuará encargado de la conservación de las obras, sin derecho a percibir cantidad alguna por la ampliación del plazo de garantía.

1.1.3.6. Conservación de las obras recibidas provisionalmente

Los gastos de conservación durante el plazo de garantía comprendido entre las recepciones provisional y definitiva, correrán a cargo y cuenta del contratista.

Si el edificio fuese ocupado o utilizado antes de la recepción definitiva, la guardería, limpieza y reparaciones ocasionadas por el uso correrán a cargo del promotor y las reparaciones por vicios de obra o por defectos en las instalaciones, serán a cargo del contratista.

1.1.3.7. Recepción definitiva

La recepción definitiva se realizará después de transcurrido el plazo de garantía, en igual modo y con las mismas formalidades que la provisional. A partir de esa fecha cesará la obligación del contratista de reparar a su cargo aquellos desperfectos inherentes a la normal conservación de los edificios, y quedarán sólo subsistentes todas las responsabilidades que pudieran derivar de los vicios de construcción.

1.1.3.8. Prórroga del plazo de garantía

Si, al proceder al reconocimiento para la recepción definitiva de la obra, no se encontrase ésta en las condiciones debidas, se aplazará dicha recepción definitiva y el director de obra indicará al contratista los plazos y formas en que deberán realizarse las obras necesarias. De no efectuarse dentro de aquellos, podrá resolverse el contrato con la pérdida de la fianza.

2. PLIEGO DE CONDICIONES TÉCNICAS PARTICULARES

2.1. Prescripciones sobre los materiales

Para facilitar la labor a realizar, por parte del director de la ejecución de la obra, para el control de recepción en obra de los productos, equipos y sistemas que se suministren a la obra de acuerdo con lo especificado en el "Real Decreto 314/2006. Código Técnico de la Edificación (CTE)", en el presente proyecto se especifican las características técnicas que deberán cumplir los productos, equipos y sistemas suministrados.

Los productos, equipos y sistemas suministrados deberán cumplir las condiciones que sobre ellos se especifican en los distintos documentos que componen el Proyecto. Asimismo, sus calidades serán acordes con las distintas normas que sobre ellos estén publicadas y que tendrán un carácter de complementariedad a este apartado del Pliego. Tendrán preferencia en cuanto a su aceptabilidad aquellos materiales que estén en posesión de Documento de Idoneidad Técnica que avale sus cualidades, emitido por Organismos Técnicos reconocidos.

Este control de recepción en obra de productos, equipos y sistemas comprenderá:

- El control de la documentación de los suministros.
- El control mediante distintivos de calidad o evaluaciones técnicas de idoneidad.
- El control mediante ensayos.

Por parte del constructor o contratista debe existir obligación de comunicar a los suministradores de productos las cualidades que se exigen para los distintos materiales, aconsejándose que previamente al empleo de los mismos se solicite la aprobación del director de ejecución de la obra y de las entidades y laboratorios encargados del control de calidad de la obra.

El contratista será responsable de que los materiales empleados cumplan con las condiciones exigidas, independientemente del nivel de control de calidad que se establezca para la aceptación de los mismos.

El contratista notificará al director de ejecución de la obra, con suficiente antelación, la procedencia de los materiales que se proponga utilizar, aportando, cuando así lo solicite el director de ejecución de la obra, las muestras y datos necesarios para decidir acerca de su aceptación.

Estos materiales serán reconocidos por el director de ejecución de la obra antes de su empleo en obra, sin cuya aprobación no podrán ser acopiados en obra ni se podrá proceder a su colocación. Así mismo, aún después de colocados en obra, aquellos materiales que presenten defectos no percibidos en el primer reconocimiento, siempre que vaya en perjuicio del buen acabado de la obra, serán retirados de la obra. Todos los gastos que ello ocasionase serán a cargo del contratista.

El hecho de que el contratista subcontrate cualquier partida de obra no le exime de su responsabilidad.

La simple inspección o examen por parte de los Técnicos no supone la recepción absoluta de los mismos, siendo los oportunos ensayos los que determinen su idoneidad, no extinguiéndose la responsabilidad contractual del contratista a estos efectos hasta la recepción definitiva de la obra.

2.1.1. Garantías de calidad (Marcado CE)

El término producto de construcción queda definido como cualquier producto fabricado para su incorporación, con carácter permanente, a las obras de edificación e ingeniería civil que tengan incidencia sobre los siguientes requisitos esenciales:

- Resistencia mecánica y estabilidad.
- Seguridad en caso de incendio.
- Higiene, salud y medio ambiente.
- Seguridad de utilización.
- Protección contra el ruido.
- Ahorro de energía y aislamiento térmico.

El marcado CE de un producto de construcción indica:

- Que éste cumple con unas determinadas especificaciones técnicas relacionadas con los requisitos esenciales contenidos en las Normas Armonizadas (EN) y en las Guías DITE (Guías para el Documento de Idoneidad Técnica Europeo).
- Que se ha cumplido el sistema de evaluación y verificación de la constancia de las prestaciones indicado en los mandatos relativos a las normas armonizadas y en las especificaciones técnicas armonizadas.

Siendo el fabricante el responsable de su fijación y la Administración competente en materia de industria la que vele por la correcta utilización del marcado CE.

Es obligación del director de la ejecución de la obra verificar si los productos que entran en la obra están afectados por el cumplimiento del sistema del marcado CE y, en caso de ser así, si se cumplen las condiciones establecidas en el "Reglamento (UE) Nº 305/2011. Reglamento por el que se establecen condiciones armonizadas para la comercialización de productos de construcción y se deroga la Directiva 89/106/CEE del Consejo".

El marcado CE se materializa mediante el símbolo "CE" acompañado de una información complementaria.

El fabricante debe cuidar de que el marcado CE figure, por orden de preferencia:

- En el producto propiamente dicho.
- En una etiqueta adherida al mismo.
- En su envase o embalaje.
- En la documentación comercial que le acompaña.

Las letras del símbolo CE deben tener una dimensión vertical no inferior a 5 mm.

Además del símbolo CE deben estar situadas en una de las cuatro posibles localizaciones una serie de inscripciones complementarias, cuyo contenido específico se determina en las normas armonizadas y Guías DITE para cada familia de productos, entre las que se incluyen:

- El número de identificación del organismo notificado (cuando proceda)
- El nombre comercial o la marca distintiva del fabricante
- La dirección del fabricante
- El nombre comercial o la marca distintiva de la fábrica
- Las dos últimas cifras del año en el que se ha estampado el marcado en el producto
- El número del certificado CE de conformidad (cuando proceda)
- El número de la norma armonizada y en caso de verse afectada por varias los números de todas ellas
- La designación del producto, su uso previsto y su designación normalizada
- Información adicional que permita identificar las características del producto atendiendo a sus especificaciones técnicas

Las inscripciones complementarias del marcado CE no tienen por qué tener un formato, tipo de letra, color o composición especial, debiendo cumplir únicamente las características reseñadas anteriormente para el símbolo.

Dentro de las características del producto podemos encontrar que alguna de ellas presente la mención "Prestación no determinada" (PND).

La opción PND es una clase que puede ser considerada si al menos un estado miembro no tiene requisitos legales para una determinada característica y el fabricante no desea facilitar el valor de esa característica.

2.1.2. Instalaciones de tubería

2.1.2.1. Tubos de plástico (PP, PE-X, PB, PVC)

2.1.2.1.1. Condiciones de suministro

Los tubos se deben suministrar a pie de obra en camiones con suelo plano, sin paletizar, y los accesorios en cajas adecuadas para ellos.

Los tubos se deben colocar sobre los camiones de forma que no se produzcan deformaciones por contacto con aristas vivas, cadenas, etc., y de forma que no queden tramos salientes innecesarios.

Los tubos y accesorios se deben cargar de forma que no se produzca ningún deterioro durante el transporte. Los tubos se deben apilar a una altura máxima de 1,5 m.

Se debe evitar la colocación de peso excesivo encima de los tubos, colocando las cajas de accesorios en la base del camión.

Cuando los tubos se suministren en rollos, se deben colocar de forma horizontal en la base del camión, o encima de los tubos suministrados en barras si los hubiera, cuidando de evitar su aplastamiento.

Los rollos de gran diámetro que, por sus dimensiones, la plataforma del vehículo no admita en posición horizontal, deben colocarse verticalmente, teniendo la precaución de que permanezcan el menor tiempo posible en esta posición.

Los tubos y accesorios se deben cargar y descargar cuidadosamente.

2.1.2.1.2. Recepción y control

Documentación de los suministros:

- Los tubos deben estar marcados a intervalos máximos de 1 m y al menos una vez por accesorio, con:
    - o Los caracteres correspondientes a la designación normalizada.
    - o La trazabilidad del tubo (información facilitada por el fabricante que indique la fecha de fabricación, en cifras en código, y un número o código indicativo de la factoría de fabricación en caso de existir más de una).

- Los caracteres de marcado deben estar impresos o grabados directamente sobre el tubo o accesorio de forma que sean legibles después de su almacenamiento, exposición a la intemperie, instalación y puesta en obra
- El marcado no debe producir fisuras u otro tipo de defecto que influya desfavorablemente en el comportamiento funcional del tubo o accesorio.
- Si se utiliza el sistema de impresión, el color de la información debe ser diferente al color base del tubo o accesorio.
- El tamaño del marcado debe ser fácilmente legible sin aumento.
- Los tubos y accesorios certificados por una tercera parte pueden estar marcados en consecuencia.

Ensayos:

- La comprobación de las propiedades o características exigibles a este material se realiza según la normativa vigente.

2.1.2.1.3. Conservación, almacenamiento y manipulación

Debe evitarse el daño en las superficies y en los extremos de los tubos y accesorios. Deben utilizarse, si fuese posible, los embalajes de origen.

Debe evitarse el almacenamiento a la luz directa del sol durante largos periodos de tiempo.

Debe disponerse de una zona de almacenamiento que tenga el suelo liso y nivelado o un lecho plano de estructura de madera, con el fin de evitar cualquier curvatura o deterioro de los tubos.

Los tubos con embocadura y con accesorios montados previamente se deben disponer de forma que estén protegidos contra el deterioro y los extremos queden libres de cargas, por ejemplo, alternando los extremos con embocadura y los extremos sin embocadura o en capas adyacentes.

Los tubos en rollos se deben almacenar en pisos apilados uno sobre otro o verticalmente en soportes o estanterías especialmente diseñadas para este fin.

El desenrollado de los tubos debe hacerse tangencialmente al rollo, rodándolo sobre sí mismo. No debe hacerse jamás en espiral.

Debe evitarse todo riesgo de deterioro llevando los tubos y accesorios sin arrastrar hasta el lugar de trabajo, y evitando dejarlos caer sobre una superficie dura.

Cuando se utilicen medios mecánicos de manipulación, las técnicas empleadas deben asegurar que no producen daños en los tubos. Las eslingas de metal, ganchos y cadenas empleadas en la manipulación no deben entrar en contacto con el tubo.

Debe evitarse cualquier indicio de suciedad en los accesorios y en las bocas de los tubos, pues puede dar lugar, si no se limpia, a instalaciones defectuosas. Los extremos de los tubos se deben cubrir o proteger con el fin de evitar la entrada de suciedad en los mismos. La limpieza del tubo y de los accesorios se debe realizar siguiendo las instrucciones del fabricante.

El tubo se debe cortar con su correspondiente cortatubos.

2.1.2.2. Tubos de cobre

2.1.2.2.1. Condiciones de suministro

Los tubos se suministran en barras y en rollos:

- En barras: estos tubos se suministran en estado duro en longitudes de 5 m.
- En rollos: los tubos recocidos se obtienen a partir de los duros por medio de un tratamiento térmico; los tubos en rollos se suministran hasta un diámetro exterior de 22 mm, siempre en longitud de 50 m; se pueden solicitar rollos con cromado exterior para instalaciones vistas.

2.1.2.2.2. Recepción y control

Documentación de los suministros:

- Los tubos de DN >= 10 mm y DN <= 54 mm deben estar marcados, indeleblemente, a intervalos menores de 600 mm a lo largo de una generatriz, con la designación normalizada.
- Los tubos de DN > 6 mm y DN < 10 mm, o DN > 54 mm mm deben estar marcados de idéntica manera al menos en los 2 extremos.

Ensayos:

- La comprobación de las propiedades o características exigibles a este material se realiza según la normativa vigente.

2.1.2.2.3.   Conservación, almacenamiento y manipulación

El almacenamiento se realizará en lugares protegidos de impactos y de la humedad. Se colocarán paralelos y en posición horizontal sobre superficies planas.

2.1.2.2.4.   Recomendaciones para su uso en obra

Las características de la instalación de agua o calefacción a la que va destinado el tubo de cobre son las que determinan la elección del estado del tubo: duro o recocido.

- Los tubos en estado duro se utilizan en instalaciones que requieren una gran rigidez o en aquellas en que los tramos rectos son de gran longitud.
- Los tubos recocidos se utilizan en instalaciones con recorridos de gran longitud, sinuosos o irregulares, cuando es necesario adaptarlos al lugar en el que vayan a ser colocados.

2.1.3. Instalaciones de equipos

Unidad de obra ICM020: Aerotermia con resistencia eléctrica.

CARACTERÍSTICAS TÉCNICAS

Aerotermo eléctrico mural, con caja de chapa de acero pintada, de 370x450x80 mm, caudal de aire 490 m³/h, nivel sonoro a 1,5 m 43 dBA, potencia 3 kW, parcializable en 2 etapas, ventilador helicoidal de aluminio con motor para alimentación monofásica a 230 V, resistencia eléctrica espiral aislada con polvo de cuarzo, interruptor de comando, contactor, protector térmico incorporado y soportes para pared, con termostato remoto de regulación.

CRITERIO DE MEDICIÓN EN PROYECTO

Número de unidades previstas, según documentación gráfica de Proyecto.

CONDICIONES PREVIAS QUE HAN DE CUMPLIRSE ANTES DE LA EJECUCIÓN DE LAS UNIDADES DE OBRA

DEL SOPORTE

Se comprobará que su situación se corresponde con la de Proyecto y que los paramentos están acabados.

PROCESO DE EJECUCIÓN

FASES DE EJECUCIÓN

Replanteo. Fijación de los soportes en el paramento. Colocación del aparato y accesorios. Conexionado y comprobación de su correcto funcionamiento.

CONDICIONES DE TERMINACIÓN

El aparato quedará nivelado en ambas direcciones, en la posición prevista y fijado solidariamente a sus elementos de soporte.

CONSERVACIÓN Y MANTENIMIENTO

Se protegerá frente a golpes y salpicaduras.

CRITERIO DE MEDICIÓN EN OBRA Y CONDICIONES DE ABONO

Se medirá el número de unidades realmente ejecutadas según especificaciones de Proyecto.

Unidad de obra ICO180: Conducto de aluminio.

CARACTERÍSTICAS TÉCNICAS

Conducto para evacuación de los productos de la combustión o admisión de aire comburente, formado por tubo de aluminio acabado lacado color blanco, con junta de estanqueidad de silicona, de 160 mm de diámetro interior, temperatura máxima de 200°C, presión de trabajo de hasta 200 Pa. Incluso accesorios, piezas especiales, módulos finales y material auxiliar para montaje y sujeción a la obra.

CRITERIO DE MEDICIÓN EN PROYECTO

Longitud medida desde el arranque del conducto hasta la parte superior del módulo final, según documentación gráfica de Proyecto.

CONDICIONES PREVIAS QUE HAN DE CUMPLIRSE ANTES DE LA EJECUCIÓN DE LAS UNIDADES DE OBRA

DEL SOPORTE

Se comprobará que su situación se corresponde con la de Proyecto.

PROCESO DE EJECUCIÓN

FASES DE EJECUCIÓN

Replanteo. Presentación de tubos, accesorios, piezas especiales y módulos finales. Fijación del material auxiliar para montaje y sujeción a la obra. Montaje. Conexionado y comprobación de su correcto funcionamiento.

Realización de pruebas de servicio.

CONDICIONES DE TERMINACIÓN

El conducto será estanco. La evacuación de los productos de la combustión será correcta.

PRUEBAS DE SERVICIO

Prueba de resistencia estructural y estanqueidad.

Normativa de aplicación: Reglamento de instalaciones térmicas en los edificios (RITE) y sus Instrucciones técnicas (IT)

CONSERVACIÓN Y MANTENIMIENTO

Se protegerá frente a golpes.

CRITERIO DE MEDICIÓN EN OBRA Y CONDICIONES DE ABONO

Se medirá, desde el arranque del conducto hasta la parte superior del módulo final, la longitud realmente ejecutada según especificaciones de Proyecto.

Unidad de obra ICS016: Bomba de circulación SB-150 XL .

CARACTERÍSTICAS TÉCNICAS

Electrobomba centrífuga, de acero inoxidable AISI 304, In-Line, para A.C.S., con una potencia de 0,295 kW, modelo SB-150XL impulsor y eje motor de acero inoxidable AISI 303, camisa externa de aluminio, motor asíncrono de 2 polos, aislamiento clase F, protección IP55 y bridas de aspiración e impulsión PN10, para alimentación monofásica a 230 V, con condensador y protección termoamperimétrica de rearme automático incorporados. Incluso puente de manómetros formado por manómetro, válvulas de esfera y tubería de cobre; elementos de montaje; caja de conexiones eléctricas con condensador y accesorios necesarios para su correcto funcionamiento.

NORMATIVA DE APLICACIÓN

Instalación: CTE. DB-HS Salubridad.

CRITERIO DE MEDICIÓN EN PROYECTO

Número de unidades previstas, según documentación gráfica de Proyecto.

CONDICIONES PREVIAS QUE HAN DE CUMPLIRSE ANTES DE LA EJECUCIÓN DE LAS UNIDADES DE OBRA

DEL SOPORTE

Se comprobará que su situación se corresponde con la de Proyecto.

FASES DE EJECUCIÓN

Replanteo. Colocación de la bomba de circulación. Conexión a la red de distribución. Comprobación de su correcto funcionamiento.

CONSERVACIÓN Y MANTENIMIENTO

Se protegerá frente a golpes y salpicaduras.

CRITERIO DE MEDICIÓN EN OBRA Y CONDICIONES DE ABONO

Se medirá el número de unidades realmente ejecutadas según especificaciones de Proyecto.

Unidad de obra ICS016b: Bomba de circulación SB-5 Y .

CARACTERÍSTICAS TÉCNICAS

Electrobomba centrífuga, de acero inoxidable AISI 304, In-Line, para A.C.S., con una potencia de 0,15 kW, modelo SB-5 Y, impulsor y eje motor de acero inoxidable AISI 303, camisa externa de aluminio, motor asíncrono de 2 polos, aislamiento clase F, protección IP55 y bridas de aspiración e impulsión PN10, para alimentación monofásica a 230 V, con condensador y protección termoamperimétrica de rearme automático incorporados. Incluso puente de manómetros formado por manómetro, válvulas de esfera y tubería de cobre; elementos de montaje; caja de conexiones eléctricas con condensador y accesorios necesarios para su correcto funcionamiento.

NORMATIVA DE APLICACIÓN

Instalación: CTE. DB-HS Salubridad.

CRITERIO DE MEDICIÓN EN PROYECTO

Número de unidades previstas, según documentación gráfica de Proyecto.

CONDICIONES PREVIAS QUE HAN DE CUMPLIRSE ANTES DE LA EJECUCIÓN DE LAS UNIDADES DE OBRA

DEL SOPORTE

Se comprobará que su situación se corresponde con la de Proyecto.

FASES DE EJECUCIÓN

Replanteo. Colocación de la bomba de circulación. Conexión a la red de distribución. Comprobación de su correcto funcionamiento.

CONSERVACIÓN Y MANTENIMIENTO

Se protegerá frente a golpes y salpicaduras.

CRITERIO DE MEDICIÓN EN OBRA Y CONDICIONES DE ABONO

Se medirá el número de unidades realmente ejecutadas según especificaciones de Proyecto.

Unidad de obra ICS045: Vaso de expansión para circuito de A.C.S.

CARACTERÍSTICAS TÉCNICAS

Vaso de expansión para A.C.S. de acero vitrificado, capacidad 200 l, presión máxima 10 bar. Incluso manómetro y elementos de montaje y conexión necesarios para su correcto funcionamiento.

CRITERIO DE MEDICIÓN EN PROYECTO

Número de unidades previstas, según documentación gráfica de Proyecto.

CONDICIONES PREVIAS QUE HAN DE CUMPLIRSE ANTES DE LA EJECUCIÓN DE LAS UNIDADES DE OBRA

DEL SOPORTE

Se comprobará que su situación se corresponde con la de Proyecto.

FASES DE EJECUCIÓN

Replanteo. Colocación. Conexión a la red de distribución. Comprobación de su correcto funcionamiento.

CONSERVACIÓN Y MANTENIMIENTO

Se protegerá frente a golpes y salpicaduras.

CRITERIO DE MEDICIÓN EN OBRA Y CONDICIONES DE ABONO

Se medirá el número de unidades realmente ejecutadas según especificaciones de Proyecto.

Unidad de obra ICS060: Acumulador para A.C.S.

CARACTERÍSTICAS TÉCNICAS

Acumulador de acero vitrificado, de suelo, 6000 l, 1950 mm de diámetro y 3000 mm de altura, con serpentín, forro acolchado con cubierta posterior, aislamiento de poliuretano inyectado libre de CFC y protección contra corrosión mediante ánodo de magnesio. Incluso válvulas de corte, elementos de montaje y accesorios necesarios para su correcto funcionamiento.

NORMATIVA DE APLICACIÓN

Instalación: CTE. DB-HS Salubridad.

CRITERIO DE MEDICIÓN EN PROYECTO

Número de unidades previstas, según documentación gráfica de Proyecto.

CONDICIONES PREVIAS QUE HAN DE CUMPLIRSE ANTES DE LA EJECUCIÓN DE LAS UNIDADES DE OBRA

DEL SOPORTE

Se comprobará que su situación se corresponde con la de Proyecto y que la zona de ubicación está completamente terminada.

FASES DE EJECUCIÓN

Replanteo. Colocación. Conexionado. Comprobación de su correcto funcionamiento.

CONSERVACIÓN Y MANTENIMIENTO

Se protegerá frente a golpes y salpicaduras.

CRITERIO DE MEDICIÓN EN OBRA Y CONDICIONES DE ABONO

Se medirá el número de unidades realmente ejecutadas según especificaciones de Proyecto.

<u>Unidad de obra ICB010: Captador solar térmico para instalación colectiva, sobre cubierta plana.</u>

MEDIDAS PARA ASEGURAR LA COMPATIBILIDAD ENTRE LOS DIFERENTES PRODUCTOS, ELEMENTOS Y SISTEMAS CONSTRUCTIVOS QUE COMPONEN LA UNIDAD DE OBRA.

Se instalarán manguitos electrolíticos entre metales de distinto potencial.

CARACTERÍSTICAS TÉCNICAS

Captador solar térmico formado por batería de 8 módulos, compuesto cada uno de ellos de un captador solar térmico de tubos de vacío, con posibilidad de giro de los tubos, con panel de montaje vertical de 1000x2100x120 mm, superficie útil 2,1 m², rendimiento óptico 0,73 y coeficiente de pérdidas primario 0,18 W/m²K, según UNE-EN 12975-2, compuesto de panel de 16 tubos de vidrio con borosilicato unidos mediante carcasa de acero galvanizado prelacado, colocados sobre estructura soporte para cubierta plana. Incluso accesorios de montaje y fijación, conjunto de conexiones hidráulicas entre captadores solares térmicos, líquido de relleno para captador solar térmico, válvula de seguridad, purgador, válvulas de corte y demás accesorios. Totalmente montado, conexionado y probado, incluyendo estructura metálica de fijación.

CRITERIO DE MEDICIÓN EN PROYECTO

Número de unidades previstas, según documentación gráfica de Proyecto.

CONDICIONES PREVIAS QUE HAN DE CUMPLIRSE ANTES DE LA EJECUCIÓN DE LAS UNIDADES DE OBRA

DEL SOPORTE

Se comprobará que su situación se corresponde con la de Proyecto y que la zona de ubicación está completamente terminada y exenta de cualquier tipo de material sobrante de trabajos efectuados con anterioridad.

AMBIENTALES

Se suspenderán los trabajos cuando llueva, nieve o la velocidad del viento sea superior a 50 km/h.

PROCESO DE EJECUCIÓN

FASES DE EJECUCIÓN

Replanteo del conjunto. Colocación de la estructura soporte. Colocación y fijación de los paneles sobre la estructura soporte. Conexionado con la red de conducción de agua. Llenado del circuito.

CONDICIONES DE TERMINACIÓN

Todos los componentes de la instalación quedarán limpios de cualquier resto de suciedad y debidamente señalizados.

CONSERVACIÓN Y MANTENIMIENTO

Se protegerá frente a golpes y salpicaduras. Se mantendrán taponados los captadores solares hasta su puesta en funcionamiento.

CRITERIO DE MEDICIÓN EN OBRA Y CONDICIONES DE ABONO

Se medirá el número de unidades realmente ejecutadas según especificaciones de Proyecto.

Unidad de obra ICR013: Ventilador de techo.

CARACTERÍSTICAS TÉCNICAS

Ventilador de techo, de 160 mm de diámetro, con tres palas y cuerpo de metal, acabado lacado, color blanco, y motor de tres velocidades para alimentación monofásica a 230 V y 50 Hz de frecuencia, con protección térmica, de 280 r.p.m., potencia absorbida 94 W, caudal máximo 6400 m³/h, nivel de presión sonora 45 dBA. Incluso accesorios y elementos de fijación.

CRITERIO DE MEDICIÓN EN PROYECTO

Número de unidades previstas, según documentación gráfica de Proyecto.

CONDICIONES PREVIAS QUE HAN DE CUMPLIRSE ANTES DE LA EJECUCIÓN DE LAS UNIDADES DE OBRA

DEL SOPORTE

Se comprobará que su situación se corresponde con la de Proyecto.

FASES DE EJECUCIÓN

Replanteo. Colocación y fijación. Conexionado y comprobación de su correcto funcionamiento.

CONSERVACIÓN Y MANTENIMIENTO

Se protegerá frente a golpes y salpicaduras.

CRITERIO DE MEDICIÓN EN OBRA Y CONDICIONES DE ABONO

Se medirá el número de unidades realmente ejecutadas según especificaciones de Proyecto.

Unidad de obra ICR110: Recuperador de calor aire-aire. Instalación en techo.

CARACTERÍSTICAS TÉCNICAS

Recuperador de calor aire-aire, caudal de aire nominal 2200 m³/h, dimensiones 590x2150x1460 mm, peso 290 kg, presión estática de aire nominal 430 Pa, presión sonora a 1 m 61 dBA, potencia eléctrica nominal 1500 W, alimentación monofásica a 230 V, eficiencia de recuperación calorífica en condiciones húmedas 83,5%, potencia calorífica recuperada 19,09 kW (temperatura del aire exterior -7°C con humedad relativa del 80% y temperatura ambiente 20°C con humedad relativa del 55%), eficiencia de recuperación calorífica en condiciones secas 76,6% (temperatura del aire exterior 5°C con humedad relativa del 80% y temperatura ambiente 25°C), con intercambiador de placas de aluminio de flujo cruzado, ventiladores con motor de tipo EC de alta eficiencia, bypass con servomotor para cambio de modo de operación de recuperación a free-cooling, estructura desmontable de doble panel con aislamiento de lana mineral de 25 mm de espesor, paneles exteriores de acero prepintado y paneles interiores de acero galvanizado, filtros de aire clase F7+F8 en la entrada de aire exterior, filtro de aire clase M5 en el retorno de aire del interior, presostatos diferenciales para los filtros, acceso a los ventiladores y a los filtros de aire a través de los paneles de inspección, posibilidad de acceso lateral a los filtros, control electrónico para la regulación de la ventilación y de la temperatura, para la supervisión del estado de los filtros de aire, programación semanal y gestión de las funciones de desescarche y antihielo para la sección opcional con batería de agua. Instalación en techo.

CRITERIO DE MEDICIÓN EN PROYECTO

Número de unidades previstas, según documentación gráfica de Proyecto.

CONDICIONES PREVIAS QUE HAN DE CUMPLIRSE ANTES DE LA EJECUCIÓN DE LAS UNIDADES DE OBRA

DEL SOPORTE

Se comprobará que su situación se corresponde con la de Proyecto y que la zona de ubicación está completamente terminada.

FASES DE EJECUCIÓN

Replanteo. Colocación y fijación. Conexionado y comprobación de su correcto funcionamiento.

CRITERIO DE MEDICIÓN EN OBRA Y CONDICIONES DE ABONO

Se medirá el número de unidades realmente ejecutadas según especificaciones de Proyecto.

Unidad de obra ICR110b: Recuperador de calor aire-aire. Instalación en techo.

CARACTERÍSTICAS TÉCNICAS

Recuperador de calor aire-aire, caudal de aire nominal 1200 m³/h, dimensiones 455x1850x1030 mm, peso 175 kg, presión estática de aire nominal 360 Pa, presión sonora a 1 m 55 dBA, potencia eléctrica nominal 1000 W, alimentación monofásica a 230 V, eficiencia de recuperación calorífica en condiciones húmedas 83,5%, potencia calorífica recuperada

8,74 kW (temperatura del aire exterior -7°C con humedad relativa del 80% y temperatura ambiente 20°C con humedad relativa del 55%), eficiencia de recuperación calorífica en condiciones secas 77,6% (temperatura del aire exterior 5°C con humedad relativa del 80% y temperatura ambiente 25°C), con intercambiador de placas de aluminio de flujo cruzado, ventiladores con motor de tipo EC de alta eficiencia, bypass con servomotor para cambio de modo de operación de recuperación a free-cooling, estructura desmontable de doble panel con aislamiento de lana mineral de 25 mm de espesor, paneles exteriores de acero prepintado y paneles interiores de acero galvanizado, filtros de aire clase F7+F8 en la entrada de aire exterior, filtro de aire clase M5 en el retorno de aire del interior, presostatos diferenciales para los filtros, acceso a los ventiladores y a los filtros de aire a través de los paneles de inspección, posibilidad de acceso lateral a los filtros, control electrónico para la regulación de la ventilación y de la temperatura, para la supervisión del estado de los filtros de aire, programación semanal y gestión de las funciones de desescarche y antihielo para la sección opcional con batería de agua. Instalación en techo.

CRITERIO DE MEDICIÓN EN PROYECTO

Número de unidades previstas, según documentación gráfica de Proyecto.

CONDICIONES PREVIAS QUE HAN DE CUMPLIRSE ANTES DE LA EJECUCIÓN DE LAS UNIDADES DE OBRA

DEL SOPORTE

Se comprobará que su situación se corresponde con la de Proyecto y que la zona de ubicación está completamente terminada.

FASES DE EJECUCIÓN

Replanteo. Colocación y fijación. Conexionado y comprobación de su correcto funcionamiento.

CRITERIO DE MEDICIÓN EN OBRA Y CONDICIONES DE ABONO

Se medirá el número de unidades realmente ejecutadas según especificaciones de Proyecto.

Unidad de obra ICF110: Bombas de calor VRV AVWT-250FKFSHA.

CARACTERÍSTICAS TÉCNICAS

Aerotermo, potencia calorífica 82,5 kW, caudal de aire nominal 24000 m³/h, nivel sonoro nominal 54 dBA, ventilador helicoidal de 2 velocidades, dimensiones 1205x280x690 mm, alimentación eléctrica monofásica a 230 V, peso 52 kg, con envolvente de chapa de zinc pintada, bastidor de zinc, batería de agua de tubos de cobre y aletas continuas de aluminio y conexiones hidráulicas laterales de acero con purgadores de aire. Totalmente montado, conexionado y puesto en marcha por la empresa instaladora para la comprobación de su correcto funcionamiento.

CRITERIO DE MEDICIÓN EN PROYECTO

Número de unidades previstas, según documentación gráfica de Proyecto.

CONDICIONES PREVIAS QUE HAN DE CUMPLIRSE ANTES DE LA EJECUCIÓN DE LAS UNIDADES DE OBRA

DEL SOPORTE

Se comprobará que su situación se corresponde con la de Proyecto y que la zona de ubicación está completamente terminada.

PROCESO DE EJECUCIÓN

FASES DE EJECUCIÓN

Replanteo de la unidad. Colocación y fijación de la unidad. Conexionado con las redes de conducción de agua y eléctrica. Puesta en marcha.

CONDICIONES DE TERMINACIÓN

La fijación al paramento soporte será adecuada, evitándose ruidos y vibraciones. La conexión a las redes será correcta.

CONSERVACIÓN Y MANTENIMIENTO

Se protegerá frente a golpes y salpicaduras.

CRITERIO DE MEDICIÓN EN OBRA Y CONDICIONES DE ABONO

Se medirá el número de unidades realmente ejecutadas según especificaciones de Proyecto.

Unidad de obra ICF110b: Bomba de calor VRV AVWT-76FKFSHA

CARACTERÍSTICAS TÉCNICAS

Aerotermo, potencia calorífica 25 kW, caudal de aire nominal 10980 m³/h, nivel sonoro nominal 52 dBA, ventilador helicoidal de 2 velocidades, dimensiones 855x280x690 mm, alimentación eléctrica monofásica a 230 V, peso 35 kg, con envolvente de chapa de zinc pintada, bastidor de zinc, batería de agua de tubos de cobre y aletas continuas de aluminio y conexiones hidráulicas laterales de acero con purgadores de aire. Totalmente montado, conexionado y puesto en marcha por la empresa instaladora para la comprobación de su correcto funcionamiento.

CRITERIO DE MEDICIÓN EN PROYECTO

Número de unidades previstas, según documentación gráfica de Proyecto.

CONDICIONES PREVIAS QUE HAN DE CUMPLIRSE ANTES DE LA EJECUCIÓN DE LAS UNIDADES DE OBRA

DEL SOPORTE

Se comprobará que su situación se corresponde con la de Proyecto y que la zona de ubicación está completamente terminada.

PROCESO DE EJECUCIÓN

FASES DE EJECUCIÓN

Replanteo de la unidad. Colocación y fijación de la unidad. Conexionado con las redes de conducción de agua y eléctrica. Puesta en marcha.

CONDICIONES DE TERMINACIÓN

La fijación al paramento soporte será adecuada, evitándose ruidos y vibraciones. La conexión a las redes será correcta.

CONSERVACIÓN Y MANTENIMIENTO

Se protegerá frente a golpes y salpicaduras.

CRITERIO DE MEDICIÓN EN OBRA Y CONDICIONES DE ABONO

Se medirá el número de unidades realmente ejecutadas según especificaciones de Proyecto.

<u>**Unidad de obra IBY215: Unidad interior de aire acondicionado, de cassette, para sistema VRV-IV, para gas R-410A.**</u>

CARACTERÍSTICAS TÉCNICAS

Unidad interior de aire acondicionado, para sistema VRV-IV (Volumen de Refrigerante Variable), de cassette, Round Flow (de flujo circular), modelo AVBC-54HJFKA, para gas R-410A, alimentación monofásica (230V/50Hz), potencia frigorífica nominal 16 kW (temperatura de bulbo seco del aire interior 27°C, temperatura de bulbo húmedo del aire interior 19°C, temperatura de bulbo seco del aire exterior 35°C), potencia calorífica nominal 18 kW (temperatura de bulbo seco del aire interior 20°C, temperatura de bulbo seco del aire exterior 7°C), consumo eléctrico nominal en refrigeración 200 W, consumo eléctrico nominal en calefacción 200 W, presión sonora a velocidad baja 34 dBA, caudal de aire a velocidad alta 33 m³/min, de 288x840x840 mm (de perfil bajo), peso 26 kg, válvula de expansión electrónica, bomba de drenaje, bloque de terminales F1-F2 para cable de 2 hilos de transmisión y control (bus D-III Net) a unidad exterior, control por microprocesador, orientación vertical automática (distribución radial uniforme del aire en 360°), señal de limpieza de filtro y filtro de aire de succión; panel decorativo de color blanco para unidad de aire acondicionado de cassette de flujo circular, modelo BYCQ140E. Regulación: control remoto multifunción, modelo Madoka BRC1H52W. Incluso elementos para suspensión del techo.

CRITERIO DE MEDICIÓN EN PROYECTO

Número de unidades previstas, según documentación gráfica de Proyecto.

CONDICIONES PREVIAS QUE HAN DE CUMPLIRSE ANTES DE LA EJECUCIÓN DE LAS UNIDADES DE OBRA

DEL SOPORTE

Se comprobará que su situación se corresponde con la de Proyecto y que hay espacio suficiente para su instalación.

PROCESO DE EJECUCIÓN

FASES DE EJECUCIÓN

Replanteo. Colocación y fijación. Conexión a las líneas frigoríficas. Conexión a la red eléctrica. Colocación y fijación del tubo entre la unidad interior y el control remoto por cable. Tendido de cables entre la unidad interior y el control remoto por cable. Conexionado de cables entre la unidad interior y el control remoto por cable. Conexión a la red de desagüe. Puesta en marcha.

CONDICIONES DE TERMINACIÓN

La fijación al paramento soporte será adecuada, evitándose ruidos y vibraciones.

CONSERVACIÓN Y MANTENIMIENTO

Se protegerá frente a golpes y salpicaduras.

CRITERIO DE MEDICIÓN EN OBRA Y CONDICIONES DE ABONO

Se medirá el número de unidades realmente ejecutadas según especificaciones de Proyecto.

CRITERIO DE VALORACIÓN ECONÓMICA

El precio no incluye la canalización ni el cableado eléctrico de alimentación

Unidad de obra USA200: Caudalímetro Parshall.

CARACTERÍSTICAS TÉCNICAS

Caudalímetro Parshall, por ultrasonidos, de entre 0,32 y 19 m³/h de caudal, de 635,2x167,1x229 mm.

CRITERIO DE MEDICIÓN EN PROYECTO

Número de unidades previstas, según documentación gráfica de Proyecto.

CONDICIONES PREVIAS QUE HAN DE CUMPLIRSE ANTES DE LA EJECUCIÓN DE LAS UNIDADES DE OBRA

DEL SOPORTE

Se comprobará que su situación se corresponde con la de Proyecto y que la zona de ubicación está completamente terminada.

PROCESO DE EJECUCIÓN

FASES DE EJECUCIÓN

Replanteo. Colocación. Conexionado y comprobación de su correcto funcionamiento.

CONDICIONES DE TERMINACIÓN

El caudalímetro no presentará fugas.

CONSERVACIÓN Y MANTENIMIENTO

Se protegerá frente a golpes y salpicaduras.

CRITERIO DE MEDICIÓN EN OBRA Y CONDICIONES DE ABONO

Se medirá el número de unidades realmente ejecutadas según especificaciones de Proyecto.

2.2. Prescripciones en cuanto a la Ejecución por Unidad de Obra

Las prescripciones para la ejecución de cada una de las diferentes unidades de obra se organizan en los siguientes apartados:

MEDIDAS PARA ASEGURAR LA COMPATIBILIDAD ENTRE LOS DIFERENTES PRODUCTOS, ELEMENTOS Y SISTEMAS CONSTRUCTIVOS QUE COMPONEN LA UNIDAD DE OBRA.

Se especifican, en caso de que existan, las posibles incompatibilidades, tanto físicas como químicas, entre los diversos componentes que componen la unidad de obra, o entre el soporte y los componentes.

CARACTERÍSTICAS TÉCNICAS

Se describe la unidad de obra, detallando de manera pormenorizada los elementos que la componen, con la nomenclatura específica correcta de cada uno de ellos, de acuerdo a los criterios que marca la propia normativa.

NORMATIVA DE APLICACIÓN

Se especifican las normas que afectan a la realización de la unidad de obra.

CRITERIO DE MEDICIÓN EN PROYECTO

Indica cómo se ha medido la unidad de obra en la fase de redacción del proyecto, medición que luego será comprobada en obra.

CONDICIONES PREVIAS QUE HAN DE CUMPLIRSE ANTES DE LA EJECUCIÓN DE LAS UNIDADES DE OBRA

Antes de iniciarse los trabajos de ejecución de cada una de las unidades de obra, el director de la ejecución de la obra habrá recepcionado los materiales y los certificados acreditativos exigibles, en base a lo establecido en la documentación pertinente por el técnico redactor del proyecto. Será preceptiva la aceptación previa por parte del director de la ejecución de la obra de todos los materiales que constituyen la unidad de obra.

Así mismo, se realizarán una serie de comprobaciones previas sobre las condiciones del soporte, las condiciones ambientales del entorno, y la cualificación de la mano de obra, en su caso.

DEL SOPORTE

Se establecen una serie de requisitos previos sobre el estado de las unidades de obra realizadas previamente, que pueden servir de soporte a la nueva unidad de obra.

AMBIENTALES

En determinadas condiciones climáticas (viento, lluvia, humedad, etc.) no podrán iniciarse los trabajos de ejecución de la unidad de obra, deberán interrumpirse o será necesario adoptar una serie de medidas protectoras.

DEL CONTRATISTA

En algunos casos, será necesaria la presentación al director de la ejecución de la obra de una serie de documento por parte del contratista, que acrediten su cualificación, o la de la empresa por él subcontratada, para realizar cierto tipo de trabajos. Por ejemplo, la puesta en obra de sistemas constructivos en posesión de un Documento de Idoneidad Técnica (DIT), deberán ser realizados por la propia empresa propietaria del DIT, o por empresas especializadas y cualificadas, reconocidas por ésta y bajo su control técnico.

PROCESO DE EJECUCIÓN

En este apartado se desarrolla el proceso de ejecución de cada unidad de obra, asegurando en cada momento las condiciones que permitan conseguir el nivel de calidad previsto para cada elemento constructivo en particular.

FASES DE EJECUCIÓN

Se enumeran, por orden de ejecución, las fases de las que consta el proceso de ejecución de la unidad de obra.

CONDICIONES DE TERMINACIÓN

En algunas unidades de obra se hace referencia a las condiciones en las que debe finalizarse una determinada unidad de obra, para que no interfiera negativamente en el proceso de ejecución del resto de unidades.

Una vez terminados los trabajos correspondientes a la ejecución de cada unidad de obra, el contratista retirará los medios auxiliares y procederá a la limpieza del elemento realizado y de las zonas de trabajo, recogiendo los restos de materiales y demás residuos originados por las operaciones realizadas para ejecutar la unidad de obra, siendo todos ellos clasificados, cargados y transportados a centro de reciclaje, vertedero específico o centro de acogida o transferencia.

PRUEBAS DE SERVICIO

En aquellas unidades de obra que sea necesario, se indican las pruebas de servicio a realizar por el propio contratista o empresa instaladora, cuyo coste se encuentra incluido en el propio precio de la unidad de obra.

Aquellas otras pruebas de servicio o ensayos que no están incluidos en el precio de la unidad de obra, y que es obligatoria su realización por medio de laboratorios acreditados se encuentran detalladas y presupuestadas, en el correspondiente capítulo X de Control de Calidad y Ensayos, del Presupuesto de Ejecución Material (PEM).

Por ejemplo, esto es lo que ocurre en la unidad de obra ADP010, donde se indica que no está incluido en el precio de la unidad de obra el coste del ensayo de densidad y humedad "in situ".

CONSERVACIÓN Y MANTENIMIENTO

En algunas unidades de obra se establecen las condiciones en que deben protegerse para la correcta conservación y mantenimiento en obra, hasta su recepción final.

CRITERIO DE MEDICIÓN EN OBRA Y CONDICIONES DE ABONO

Indica cómo se comprobarán en obra las mediciones de Proyecto, una vez superados todos los controles de calidad y obtenida la aceptación final por parte del director de ejecución de la obra.

La medición del número de unidades de obra que ha de abonarse se realizará, en su caso, de acuerdo con las normas que establece este capítulo, tendrá lugar en presencia y con intervención del contratista, entendiendo que éste renuncia a tal derecho si, avisado oportunamente, no compareciese a tiempo. En tal caso, será válido el resultado que el director de ejecución de la obra consigne.

Todas las unidades de obra se abonarán a los precios establecidos en el Presupuesto. Dichos precios se abonarán por las unidades terminadas y ejecutadas con arreglo al presente Pliego de Condiciones Técnicas Particulares y Prescripciones en cuanto a la Ejecución por Unidad de Obra.

Estas unidades comprenden el suministro, cánones, transporte, manipulación y empleo de los materiales, maquinaria, medios auxiliares, mano de obra necesaria para su ejecución y costes indirectos derivados de estos conceptos, así como cuantas necesidades circunstanciales se requieran para la ejecución de la obra, tales como indemnizaciones por daños a terceros u ocupaciones temporales y costos de obtención de los permisos necesarios, así como de las operaciones necesarias para la reposición de servidumbres y servicios públicos o privados afectados tanto por el proceso de ejecución de las obras como por las instalaciones auxiliares.

Igualmente, aquellos conceptos que se especifican en la definición de cada unidad de obra, las operaciones descritas en el proceso de ejecución, los ensayos y pruebas de servicio y puesta en funcionamiento, inspecciones, permisos, boletines, licencias, tasas o similares.

No será de abono al contratista mayor volumen de cualquier tipo de obra que el definido en los planos o en las modificaciones autorizadas por la dirección facultativa. Tampoco le será abonado, en su caso, el coste de la restitución de la obra a sus dimensiones correctas, ni la obra que hubiese tenido que realizar por orden de la dirección facultativa para subsanar cualquier defecto de ejecución.

TERMINOLOGÍA APLICADA EN EL CRITERIO DE MEDICIÓN.

A continuación, se detalla el significado de algunos de los términos utilizados en los diferentes capítulos de obra.

ESTRUCTURAS

Volumen teórico ejecutado. Será el volumen que resulte de considerar las dimensiones de las secciones teóricas especificadas en los planos de Proyecto, independientemente de que las secciones de los elementos estructurales hubieran quedado con mayores dimensiones.

ESTRUCTURAS METÁLICAS

Peso nominal medido. Serán los kg que resulten de aplicar a los elementos estructurales metálicos los pesos nominales que, según dimensiones y tipo de acero, figuren en tablas.

INSTALACIONES

Longitud realmente ejecutada. Medición según desarrollo longitudinal resultante, considerando, en su caso, los tramos ocupados por piezas especiales.

2.3. Prescripciones sobre verificaciones en el edificio terminado

De acuerdo con el "Real Decreto 314/2006. Código Técnico de la Edificación (CTE)", en la obra terminada, bien sobre el edificio en su conjunto, o bien sobre sus diferentes partes y sus instalaciones, totalmente terminadas, deben realizarse, además de las que puedan establecerse con carácter voluntario, las comprobaciones y pruebas de servicio previstas en el presente pliego, por parte del constructor, y a su cargo, independientemente de las ordenadas por la dirección facultativa y las exigidas por la legislación aplicable, que serán realizadas por laboratorio acreditado y cuyo coste se especifica detalladamente en el capítulo de Control de Calidad y Ensayos, del Presupuesto de Ejecución material (PEM) del proyecto.

I INSTALACIONES

Las pruebas finales de la instalación se efectuarán, una vez esté el edificio terminado, por la empresa instaladora, que dispondrá de los medios materiales y humanos necesarios para su realización.

Todas las pruebas se efectuarán en presencia del instalador autorizado o del director de Ejecución de la Obra, que debe dar su conformidad tanto al procedimiento seguido como a los resultados obtenidos.

Los resultados de las distintas pruebas realizadas a cada uno de los equipos, aparatos o subsistemas, pasarán a formar parte de la documentación final de la instalación. Se indicarán marca y modelo y se mostrarán, para cada equipo, los datos de funcionamiento según proyecto y los datos medidos en obra durante la puesta en marcha.

Cuando para extender el certificado de la instalación sea necesario disponer de energía para realizar pruebas, se solicitará a la empresa suministradora de energía un suministro provisional para pruebas, por el instalador autorizado o por el director de la instalación, y bajo su responsabilidad.

Serán a cargo de la empresa instaladora todos los gastos ocasionados por la realización de estas pruebas finales, así como los gastos ocasionados por el incumplimiento de las mismas.

2.4. Prescripciones en relación con el almacenamiento, manejo, separación y otras operaciones de gestión de los residuos de construcción y demolición

El correspondiente Estudio de Gestión de los Residuos de Construcción y Demolición, contendrá las siguientes prescripciones en relación con el almacenamiento, manejo, separación y otras operaciones de gestión de los residuos de la obra:

El depósito temporal de los escombros se realizará en contenedores metálicos con la ubicación y condiciones establecidas en las ordenanzas municipales, o bien en sacos industriales con un volumen inferior a un metro cúbico, quedando debidamente señalizados y segregados del resto de residuos.

Aquellos residuos valorizables, como maderas, plásticos, chatarra, etc., se depositarán en contenedores debidamente señalizados y segregados del resto de residuos, con el fin de facilitar su gestión.

Los contenedores deberán estar pintados con colores vivos, que sean visibles durante la noche, y deben contar con una banda de material reflectante de, al menos, 15 centímetros a lo largo de todo su perímetro, figurando de forma clara y legible la siguiente información:

- Razón social.
- Código de Identificación Fiscal (C.I.F.).
- Número de teléfono del titular del contenedor/envase.
- Número de inscripción en el Registro de Transportistas de Residuos del titular del contenedor.

Dicha información deberá quedar también reflejada a través de adhesivos o placas, en los envases industriales u otros elementos de contención.

El responsable de la obra a la que presta servicio el contenedor adoptará las medidas pertinentes para evitar que se depositen residuos ajenos a la misma. Los contenedores permanecerán cerrados o cubiertos fuera del horario de trabajo, con el fin de evitar el depósito de restos ajenos a la obra y el derramamiento de los residuos.

En el equipo de obra se deberán establecer los medios humanos, técnicos y procedimientos de separación que se dedicarán a cada tipo de RCD.

Se deberán cumplir las prescripciones establecidas en las ordenanzas municipales, los requisitos y condiciones de la licencia de obra, especialmente si obligan a la separación en origen de determinadas materias objeto de reciclaje o deposición, debiendo el constructor o el jefe de obra realizar una evaluación económica de las condiciones en las que es viable esta operación, considerando las posibilidades reales de llevarla a cabo, es decir, que la obra o construcción lo permita y que se disponga de plantas de reciclaje o gestores adecuados.

El constructor deberá efectuar un estricto control documental, de modo que los transportistas y gestores de RCD presenten los vales de cada retirada y entrega en destino final. En el caso de que los residuos se reutilicen en otras obras o proyectos de restauración, se deberá aportar evidencia documental del destino final.

Los restos derivados del lavado de las canaletas de las cubas de suministro de hormigón prefabricado serán considerados como residuos y gestionados como le corresponde (LER 17 01 01).

Se evitará la contaminación mediante productos tóxicos o peligrosos de los materiales plásticos, restos de madera, acopios o contenedores de escombros, con el fin de proceder a su adecuada segregación.

Las tierras superficiales que puedan destinarse a jardinería o a la recuperación de suelos degradados, serán cuidadosamente retiradas y almacenadas durante el menor tiempo posible, dispuestas en caballones de altura no superior a 2 metros, evitando la humedad excesiva, su manipulación y su contaminación.

Printed by Books on Demand GmbH, Norderstedt / Germany